北海道人たちの満州開拓

―大陸新農法を巡る攻防・終焉・再挑戦―

凡例

・書名を「北海道人たちの満州開拓」としましたが、満州国時代は「満州農業移民」から「満蒙開拓」に名称が変わり、戦後の新中国時代のことを記したので、書名は「・・・・満州開拓」としました。

・引用文献の満人、満族、満農、満馬、鮮人、鮮族、鮮農などは、原典の通りとし、民族差別を表したものではありません。

・満洲は満州としました。また、同一の地であっても満州国時代と新中国時代で地名が異なる場合がありますが、引用文献の原典の通りとしました（例：新京と長春）。ただ哈爾濱は　カタカナのハルピンと記しました。

・満州国元号、西暦は和暦に変えました。

・登場人物の敬称は略し、また、地位などは引用文献の記述の通りとしました。

・面積は、引用文献の原典の単位とし、1町歩は0・9917 4 haでほぼ1 haに相当します。

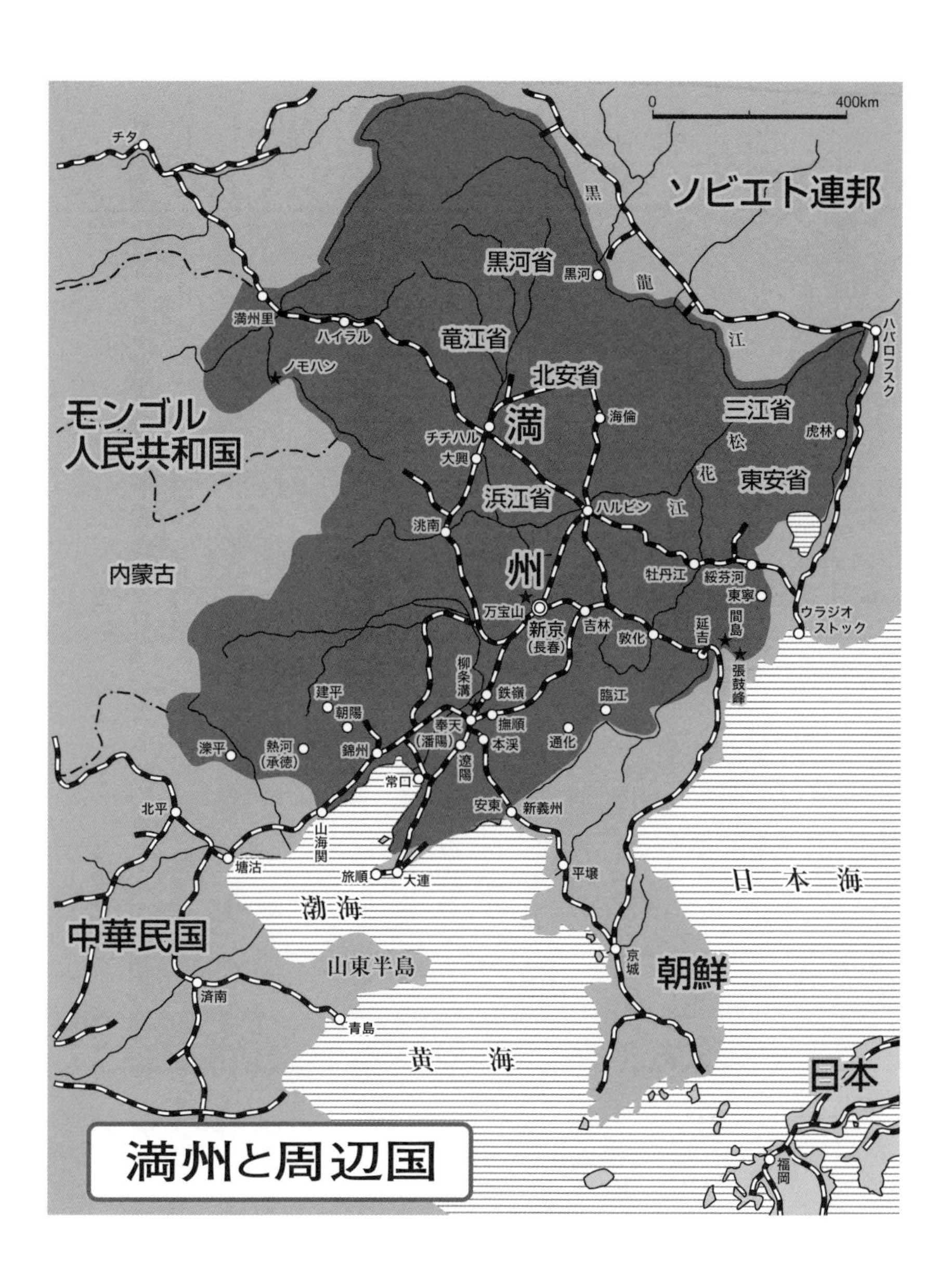

0
400km
ソビエト連邦
チタ
黒
龍
江
黒河省
黒河
満州里
ハイラル
竜江省
ノモハン
北安省
海倫
ハバロフスク
三江省
虎林
松
花
江
モンゴル人民共和国
チチハル
大興
満
浜江省
ハルビン
東安省
洮南
州
内蒙古
牡丹江
綏芬河
東寧
万宝山
新京（長春）
吉林
敦化
延吉
間島
張鼓峰
ウラジオストック
柳条溝
鉄嶺
建平
朝陽
臨江
奉天（潘陽）
撫順
灤平
熱河（承徳）
錦州
本渓
通化
遼陽
常口
北平
安東
新義州
山海関
塘沽
旅順
大連
平壌
日本海
渤海
中華民国
京城
山東半島
朝鮮
済南
青島
黄海
日本
福岡

満州と周辺国

はじめに

満州国の成立から崩壊までの歴史書は多く刊行されていますが、満州の農業開拓がテーマの書はあまり見受けられません。特に、満州開拓の一翼を担った北海道農法を取り上げた書は希少です。本書は、満州における北海道農法の導入を巡る論争から終焉（しゅうえん）、戦争後の新中国での再挑戦を調査し、まとめました。とは言え、満州開拓や北海道農法を礼賛するつもりは毛頭なく、あまり知られていない史実を後世に伝えるため執筆しました。

執筆を思い立ったのは、筆者が『北の大地に挑む農業教育の軌跡』（平成25年11月刊）の共著者になり、そこに北海道の農学校卒者が渡満したのを知ったことがきっかけです。

執筆をしだすと、北海道からの開拓団員は少なく、都道府県別数で下位に位置していたことが分かりました。そして北海道から送出されたのは、満州入植者の営農が行き詰まり、これを打開するため北海道農法の導入が決まった以降でした。農法の普及のため指導農家や若い技術者が渡満しましたが、終戦になり引き揚げてきます。引き揚げた多くの人は全国の開拓地に入植し、営農を展開します。また、北海道で培った稲作技術の普及を図るため、新中国で長い間活動した技術者がいました。本書では、これら大戦前後を通し中国で展開した北海道農法の意義を明らかにします。

本来ならば、通史とすべきですが、満州開拓は、満州国、関東軍、満鉄の現地機関と日本政府・北海道が複雑に絡み合い、それを解きほぐすほどの力量はないため、体裁をテーマごとの「話」としました。幸い、当時の北海道農法に関する研究成果が近年発表され、執筆の意欲をかき立ててくれました。

北海道農法の導入に反対したのが、「満蒙開拓の父」といわれた加藤完治です。北海道農法の現地での動きを理解するには、加藤とそのグループを知る必要がありました。グループが形成されたのは、加藤の教え子たちが朝鮮半島に入植し開拓に成功、それによりグループ化され日満両国に大々的にロビー活動を始め、それが国策の「満州農業移民百万戸移住計画」に結実します。

加藤は、彼独特の塾風教育を考案し、山形県立自治講習所長に就任し、グループにより茨城県内原に私立農学校を設立し校長に就任。それが国の「満蒙開拓青少年義勇軍」の創立や満州各地の訓練施設の展開につながります。一方、北海道でも塾風教育を受けた若者が満州へと送出されました。本書では、加藤との塾風教育を比較するとともに、満蒙開拓と旧帝国大学との関わりを明らかにします。

日中戦争への拡大により、戦時経済体勢確立のため農業移民は満蒙開拓へと名を変え、併せて北海道農法の普及が急がれました。本書ではその経過を明らかにするため、北海道からの農業指導者や実験農家、義勇軍の教士、移駐の農機具製造工場主の回顧録を紹介します。そしてソ連軍侵攻による開拓民の逃避と集団自決事件など渡満した北海道人たちの悲劇を実録書から紹介します。これらにより、満州での開拓者の農作業や生活ぶり、終戦時の悲惨な状況の一端を紹介します。。

そして、新中国と国交が回復し、北海道が培った寒地稲作技術をボランティアで技術移転した実態を明らかにします。また、「余話」では、渡満しなかったものの、国の移民推進機関の「満州移住協会」に勤務し分郷・分村移住を推進し、戦後は北海道北部のサロベツ原野で泥炭地の農業開発と自然保護を推進した篤志家を紹介します。

これら農業を通し隣国中国と北海道との関わりを明らかにすることにより、日中の友好が深まることを祈念します。

なお、本書は拙著『北海道満蒙開拓史話』を改稿したもので、改稿には多くの方々から御助言、書籍の御提供を賜りました。ここに感謝を申し上げます。

目次

第1話　大陸新農法導入前史

昭和7年（1932年）、帝国日本は建国した満州国に武装開拓民の移住を進めます。しかし、その営農は不振を極めます。これを打開するため日中開戦すぐの13年、国策の「満州農業移民百万戸移住計画」を決定し、翌年には北海道農法を大陸新農法として導入します。武装移民から新農法導入までの間を大陸新農法導入前史として、その経過を紹介します。

1　満州農業の姿と日本の農業移民

満州農業の生い立ちと農民

建国前の満州は、未開の疎林地帯で、狩猟が主の満州族が住んでいました。清朝期（1644～1912年）の中頃に漢族が移住し農業開発が進められていました。

満州国の面積は日本本土の約3倍を有し、建国前でしたが昭和5年の農地は約1330万haと日本の約2・2倍でした。

人口は、同じく昭和5年、約2720万人と日本のほぼ半分で、漢族が85％ほどを占め、また、90％が農村人口で、3年後においても全有職者のうち76・5％が農業者でした。このため、建国の満州国の統治は、農民を平穏に治めることが重要でした。その農業を見ると、全農地の66％を自作農が保有し、残り44％は地主が保有し小作人が耕作していました。このほか農地を持たない雇農（農業労務者）がいて、全農民の24％を占め、中には小作農との兼営もありました。雇農専業は苦力（クーリー）と呼ばれ、年雇（工）と日雇（工）に分けられ、いずれも1日の労働時間は10～15時間に及んだといわれています。

農民を支配していたのは、都市居住の地主と高利貸しの商業資本家、穀物商（糧桟（りゃんざん））で、春先に農民に種子や肥料代、生活必需品を掛け売りにして、秋に収穫物を安い価格で買い入れ、売掛金を回収していました。

この農産物の流通について、東京大学名誉教授・安冨歩の書『満洲国の金融』（平成９年刊）を基に紹介します。

〝満州事変以前は、中国側銀行の貨幣の官銀号により、先の糧桟が農産物を収買集荷、それを買い入れた日本の輸出商に日本側の銀行が資金を供給していました。満州事変後、その官銀号は関東軍により封鎖され、日本側の主に三井・三菱の商社が糧桟から収買し移輸出していました。そして日中事変以降は、満州国が設立した収買会社（注：満州糧穀株式会社）が、流通を統制し、農村経済を支配しました。

先の支配層は、第１次世界大戦後に台頭した軍閥や地方官吏と結び付き支配を強化、最下層の雇農（苦力）から最上層の地主・資本家の経済的身分制が厳然と確立していました〟

農業の特徴

農業は気候や土壌など自然条件により大きな影響を受けますが、満州は大陸性気候を呈します。日本から多くの人が入植した北満ハルピンの気象を**表１**に示し、札幌と比較します。

札幌の年平均気温９・２℃に対しハルピンは５・２℃と低い。年降水量は札幌

表1　ハルピンの気象　中国気象局1991～2020年のデータから作成（単位：気温℃、降水量mm）

項目・月	1月	2月	3月	4月	5月	6月	7月	8月	9月	10月	11月	12月	計・平均
最高気温の平均	-11.8	-5.9	3.2	14.1	21.6	26.1	28.2	26.7	21.6	12.6	0.1	-9.8	10.6
日平均気温の平均	-17.3	-11.9	-2.4	8.1	15.7	21.3	23.7	21.9	15.7	6.8	-4.6	-14.6	5.2
最低気温の平均	-22.4	-17.8	-8.2	1.9	9.6	16.1	19.3	17.1	10.2	1.6	-9	-19.1	-0.04
降水量	3.8	4.6	11.5	19.3	51.4	100.4	137.1	112.7	52.3	24.5	14.4	7.6	539.4

が約１１４６㎜に対し約５３９㎜と少ない。そして、５月から９月の農耕期の平均気温は札幌18・４℃に対しハルピンは19・７℃とやや高く、降水量は札幌約４７６㎜に対し約４５４㎜とほぼ同じです。最積雪深は札幌97㎝に対しハルピンは約35㎝と浅く、土壌凍結深が深くなり融解が遅れ、春耕が遅れます。ハルピンは６月下旬頃から降雨が集中し雨季に入ります。

このような気候を呈しますが、満州農業は北海道と同じ一年一作で、大豆、コウリャンなどの畑作物を作付けていて、稲作は極めて少ない。

土壌は日本では少ないアルカリ性土や重粘土、泥炭土など種々分布しています。そして春先の降雨が少ないため播種種子の発芽が遅れます。この対策として土の保水力を高めるため牛馬の排せつ糞（ふん）と土を混ぜた土糞（どふん）という堆肥をつくり耕地に散布します。また、犁杖（リージャン）という、すきで表土を浅く耕起し高畝（うね）の播種床をつくり、播種と同時に覆土、鎮圧し播種種子の発芽促進と雨季の湿害を回避します。播種床は犁杖を馬格の小さな満馬に引かせます。これを満州在来の高畝農法と言い、この播種と雨季前の除草、収穫を適期に行うため、先の苦力を雇用します。

先の土糞は、牛馬の飼養頭数が少ないため全農地の３割ほどしか施用できず、施用してもその肥効期間が短く、また化学肥料の投入が少ないため土壌の養分が欠乏し、地力を収奪。これは別名「略奪農法」といわれていて、満州の農業発展を阻害する最大の要因でした。

ただ、満州は農地になって日が浅く地力があり、大豆の大生産地でした。全世界の大豆輸出量の70％を満州が占め、この地の作況が国際市況を左右。海外の商社は先の商業資本家から買い入れ、中でも最大の輸入国の日本と経済的に強く結び付いていていました。

昭和初期の大豆の10ａ当たり収量（単収）を見ますと、地力のあった満州は１４３㎏（大正15年から昭和４年までの平均）に対し、日本は集約栽培に関わらず１２０㎏と低収でした。満州はその後の連作と地力収奪により低収となります。また、代替品が現れるなどして大豆の需要は減退し価格が低迷、それが農業国・満州の経済が不振に陥り、社会が不安定になる要因となりました。

満州国建国と日本の支配

日本は日露戦争の権益により南満州鉄道株式会社（満鉄）を設立し、鉄道沿線にわずかですが農業移民が入植します。昭和６年９月に満州事変が起き、翌年３月に満州国が建国されます。これを日本が承認し植民地主義に基づく統治が始まります。これ以降の動きを愛知大学教授の江口圭一の書『大系日本の歴史14　二つの戦争』（昭和61年刊）から引用します。

【満州国は、建国に当たって「漢満蒙日鮮」の「五族協和」をうたい、「王道楽土」を実現すると唱えていたが、その実態はこのスローガンからかけ離れていた。

日本の政府本省に当たる満州国の行政部の総長（大臣）には、日本に協力した旧軍閥などの中国人が任命されたが、その実権は日本人の総務司長（後に次長）以下の日本人官吏が握り、日本人の総務長官が日本人官吏を監督し、さらに関東軍司令官がこれを「内面指導」していた。真の閣議は次長会議であり、国務会議は次長会議が既に決定した議案を形式的に審議する名目上の閣議であった。

昭和九年三月一日、満州国には帝政が施行され、執政に清朝の溥儀が即位した。

同じ年の十二月には在満機構が改革され、従来は外相の監督を受けた駐在大使（＝関東軍司令官）を首相の監督下に移し、関東庁・関東長官を廃して、駐満大使の下に関東局・関東州知事を置き、満州・関東州に関する行政事務の所管を拓務省から新設の内閣直属の対満事務局に移管した。これによって外務省と拓務省は満州国から排除され、陸軍とくに関東軍による一元的支配が完成した。支配体制の整備に並行して、「日満経済ブロック」のスローガンの下に、満州の経済開発が関東軍の軍事的必要を第一義として進められた。日本から大蔵省や商工省のエリート官僚が、満州国を牛耳り関東軍に協力する。その実力者とみなされたのが、その名を取って二キ三スケと呼ばれたのが、東條英機、星野直樹、松岡洋右、岸信介、鮎川義介であった】

このような政治体制から、中国国民党政府からは、かいらい国家または偽満州国（偽満）と呼ばれます。

建国後の農業開拓移民

建国後の満州国への移住について、続けて江口の書『大系日本の歴史14・二つの戦争』から引用します。

【日本の内地の農村窮乏を緩和するとともに、満州での日本人のウエートを人口の面でも増加し、併せて関東軍の補助戦力としても役立たせる目的で、満州への移民が推進された。

まず昭和七年から十一年にかけ、千七百八十五人の武装移民団が四次にわたって試験移民として送り込まれた後、十一年以降、二十カ年百万戸移住計画に基づいて本格的な移民が開始され、満蒙開拓少年義勇軍も組織されるようになる（筆者高尾注：当時の日本の農家戸数は約２６０万戸であり、１００万戸の移住計画の過大さがうかがえます）。

問題なのは、日本人移民のための入植地が、中国人や朝鮮人から極めて安い値段（例えば時価五十～百円のところ十五円）で強制的に、暴力的に買収したこと。多くの既耕地をも含んでいたこと。また現住の中国人・朝鮮人を強制移住させた後に日本人が入り込んだことである。

その点で満州への移民は、それまでのハワイやカリフォルニアや南米への移民と全く違っていた。満州移民は、中国国籍はもちろん満州国籍すら取らず、あくまで大日本帝国の一員として入植地に君臨した。日本人移民は、日本国内での境遇はどうであれ、中国側からすれば移民と称する征服者であり、開拓者と称する土地収奪者であった】

筆者（高尾）から見れば、このような入植用地の調達は、建国理念の「五族協和」に反するものです。また、開拓とは元来、山林原野の立木などの障害物を除去して開墾することを指しますが、入植地の7割ほどが既墾地で、中には配分地の全部が既墾地の開拓団がありました。すなわち開墾をしない開拓民であり、小作人を入れ野良仕事をしない「羽織を着た農民」になったのです。そして創設の「満蒙開拓青少年義勇軍」は国内で軍と称していましたが、現地の反感を和らげるため隊と改称。これらの欺瞞（ぎまん）は、ソ連軍侵攻から逃れる入植者に悲惨な不幸を招くことになりました。

農業移民の時代区分

満州への農業移民について、日本外務省と満州国の種々の統計がありますが、推定の概数を**表2**に示します。なお、移民人数は先の百万戸移住計画と同様に世帯数に5人を乗じました。時代区分を昭和11年の日中戦争前まで、開戦から太平洋戦争前の16年まで、太平洋戦争期の20年までの3期に区分。移民総数は29万6８００人で、資料から開戦後に本格化し増加、太平洋戦争期は戦争の拡大により減少したことがうかがえます。開戦前は極めて少なく、現地の関東庁や満鉄からの手厚い支援を受け、関東租借地と満鉄付属地に入植しましたが、残ったのはわずか4分の1といわれています。

一方、昭和20年5月現在の開拓民送出数を『満洲開拓史』（昭和41年刊）を基に紹介します。

表2　満州国への農業移民（概数）

時代区分	開拓団成人移民		満蒙開拓青少年義勇軍（人）
	世帯数	推定人数（人）	
昭和7～11年　日中戦争前まで	2,900	14,500	0
12～16年　開戦～太平洋戦争前	26,900	134,500	52,900
16年～20年　太平洋戦争期	12,200	61,000	33,900
合計	42,000	219,000	86,800

〝一般開拓団が22万3５9人、義勇隊が10万1５1４人、合わせて32万1８7３人。ただし終戦年は計画数であり、実体と異なります。北海道から一般開拓団員が２００２人、義勇隊員が１１２７人、合計３１２９人〟

これは全国総数の１％足らずです。道府県別順位は、北海道は下から９番目（一般開拓団員は下から15番目、義勇隊は同じく４番目）と低い。送り出されたのは、日中戦開戦すぐで、本書第１話のタイトルにある大陸新農法としての北海道農法の導入によるものです。出身道府県別の開拓団員・義勇隊員を**表３**に示しました。

満州への農業移民を主導したのは、「満州開拓の父」といわれた加藤完治ですが、この新農法の導入に反対します。そこで加藤の満州農業移民との関わりから話を始めます。

加藤の試験（武装）移民の推進

日中戦争前までの農業移民は少なく、移住者の営農は不振を極め帰国するなどしたため、日本政府は移民に消極的でした。しかし、加藤完治グループのロビー活動により、反対していた高橋是清蔵相はやむを得ず少数の試験（武装）移民を認めます。

その経過を児童文化学者の上笙一郎の書『満蒙開拓青少年義勇軍』（昭和48年刊）を基に紹介します。

表３　開拓団員・義勇軍員の北海道の順位、割合

順　位	府県名	開拓団員（人）	義勇軍（人）	合計（人）	割合（％）
1	長野県	31,264	6,595	37,859	11.8
2	山形県	13,252	3,925	17,177	5.4
3	熊本県	9,979	2,701	12,680	4.0
4	福島県	9,576	3,097	12,673	3.9
5	新潟県	9,361	3,290	12,651	3.9
6	宮城県	10,180	2,239	12,419	3.9
38	北海道	2,002	1,127	3,129	1.0
47	滋賀県	93	1,354	1,447	0.5
	合　計	220,255	100,627	320,882	100

『満州開拓史』から筆者作成

〝建国草創の満州国政府には、まだ移民に関する機関がなく、特に初期移民の北満三江省への入植は屯田兵的要素が色濃く、かつその実現は急を要するなどの理由から、関東軍独自の見解に基づき昭和7年6月から実施されました。

中国遼東半島に駐屯の関東軍参謀・石原莞爾中佐と腹心の東宮鉄男大尉と民間の加藤完治の3人が、退役在郷軍人の武装移民について合意、満州開拓移民を本格化しようとします。それは、関東軍が満鉄沿線に開拓民を入れ治安を確保し、本土の農村で過剰になっている若者をそこに送出し、農村改革を成し遂げようとの思惑で一致。そこで、石原が関東軍のまとめ役、東宮は土地調達などの世話役、加藤は本土にいて開拓移民を募集し、訓練して送り出すという役回りで、これは直ちに実行に移されます。当時、満州移民を所管していた日本の拓務省が東宮・加藤の意見を取り入れてつくった移民案は、昭和7年8月に国会を通過。その年の秋に第1次移民団が、翌夏には第2次移民団が送出され、入植地は満州開拓の発祥の地ともいわれています。

加藤　完治
（提供：日本農業実践学園）

東宮　鉄男
（提供：東宮春生さん）

退役軍人の市川益平元中佐を団長とする492人の第1次移民団は、三江省樺川県佳木斯の永鎮豊に入植、第2次移民団の455人は、そこからさして離れていない七虎力に入植しました。後に「弥栄村」および「千振村」と称されます。この第1次・第2次の集団農業移民は完全な武装移民で、ソ連に対する第1戦兵力扶植という軍事的な役割を負わされていました。移民団は佳木斯屯墾軍第1大隊と呼ばれ、応募資格は「農村出身者ニシテ多年農業ニ従事シ経験ヲ有スル既教育軍人」に限られ、その軍備や統制も軍隊と同じでした。そして入植地の佳木斯といえば、満州東方部、ソ連との国境線近くに位置していて、対ソ戦における戦術上の要地でした。

　東宮・加藤をはじめこの武装移民を推進した人びとは、全力を尽くし働きました。この試験移民の成否によってその後の移民政策が左右されるし、移民政策の後退は、取りもなおさず日本の対ソ国防の弱体化を意味します（筆者高尾注：佳木斯には後に関東軍師団が駐屯）。これは武装移民と称し、拳銃のほか迫撃砲・機関銃までもが備えられていました。

　しかし、拓務省や関東軍の努力にかかわらず、この試験移民はスムーズにはゆきません。入植後半年あまりの昭和8年7月、まず、第1次移民団に騒動が起こり、それが第2次移民団に飛び火したのです。第1次移民団の代表が突然、佳木斯にいる東宮を訪れて、幹部の更迭を要求する決議文を突きつけたのでした。急を聞いて日本から駆けつけた加藤とともに永豊鎮を訪れます。移民村の空気は、予想以上に険悪で、これまで移民たちから神様のように仰がれていた2人の宿舎に、ピストルの弾が撃ち込まれたりしました。2人はほとんど死を覚悟して、隊員たちをなぐさめ、説得に当たらなくてはなりません。その後、事件はようやく収拾しました。

　こうして第1次移民団は辛うじて崩壊をまぬがれましたが、希望者には退団を認めることとし、百数十人が退団・帰国することになりました。そればかりではなく退団者たちが、満州へ着いたばかりの第

第２次開拓団入植地の千振駅
（提供：日本農業実践学園）

2次移民団に向かって「君たちは拓務省にだまされて来たのか」とか、「こんな土地で、農業ができると思っているのか」などと放言したため、第2次移民団からも数十名の落伍者が出てしまいました。

この騒動に対し、東宮は満蒙開拓の実績をつくるため、8年7月に東安省のウスリー川の左岸に、加藤の日本国民高等学校修了生が主体の饒河少年隊（正式名は大和北進寮）をつくり入隊させ、兵事と農事の教育訓練を施し北満に入植させました。最盛期は84人になり、これを愛国少年の鑑として小説がつくられ、紹介されます。

またこれだけでは説得力に欠けるとして、東宮が戦死前の12年の夏、満州西部のチチハル近くの嫩江に同じ修了生が主体の３００人の伊拉哈少年隊を入植させます。この２つの少年隊は、後に全満に設立した満蒙開拓青少年義勇軍訓練所が設立され継承されます（第5話に嫩江訓練所教士・中沢広の回顧録を記します）。

そして第2次に続き9年に第3次移民団が瑞穂村と称し、ソ満国境近くの浜江省綏稜県に入植しますが、1戸当たり配当された耕地は約22町歩と広く、うち17町歩が元の所有者の中国人に小作地に出すこととなります。

この後の第4次は、同じ東側で東安県鶏寧県の城子河・哈達河村と称し入植。第5次は同じ東安省密山県に4団体が入ります。この5次までが武装試験移民といわれていて、約２８００戸が入植、これら入植者の営農の成果が満州移民の成否につながります（第6話に哈達河村開拓団の集団自決を記します）。

この武装移民のほか、民間移民があります。満州事変後に移民を計画したのは84団体あったといわれていますが、実際に移住者を募集したのは36団体と低調で、それでも渡満したのは、在郷軍人、宗教団体、産業組合が主導した団体入植と記されています〟

以上、満州農業の姿と日本の満州国建国初期の日本からの農業移民を明らかにしました。この期は関東軍の意向に沿い成年の武装移民でしたが、営農は不振を極めました。このため、加藤は青少年を中心とした移民を構想します。

2　加藤グループの青少年移住構想

加藤グループの形成

ここでは、加藤グループの形成過程を明らかにします。先の武装移民の不振に対し、東宮大尉と加藤完治の2人は「純真で柔軟、しかも旺盛な精神と健康な肉体を持つ少年を国境地帯に入植させ、成人移民の足らざるを補う」との思い切った方向に転換します。先の石原莞爾は、参謀本部に異動し、いったん関東軍に戻りますが、予備役に退き、故郷の山形県鶴岡市に帰ります。（本書「おわりに」に石原の鶴岡での活動を記します）。鶴岡では、満州移民の講演をしていましたが、戦犯は免れたものの公職追放になります。他方、東宮鉄男は12年12月の日中戦で戦死、この2人は満州開拓から離れます。

加藤完治グループは、凶作と経済恐慌による困窮農民を満州開拓移民として送出するのを国策とするため結成。官僚と学者よりなる圧力団体で、氏名と役職と満州との関わりは次の通りです。

加藤完治（山形県立自治講習所所長から私立日本国民高等学校長兼内原訓練所長）
石黒忠篤（農林官僚で次官・大臣、満州移住協会理事長）
小平権一（農林官僚で局長、満州糧穀株式会社理事長）
那須皓（しろし）（東京帝国大学農学部農業経済科教授、華北政務委員会嘱託）
橋本傳左衛門（京都帝国大学農学部農業経済科教授、満州国嘱託）

このほかグループの実務者として、宗光彦（満鉄公主嶺農事試験場併設農業学校校長、満州第2次武装移民千振開拓団長）、貝沼洋二（朝鮮の開拓会社社員、満州第４次武装移民哈達河開拓団長）、山崎芳雄（朝鮮安東農学校校長、満州第１次武装移民弥栄開拓団長）がおり、略歴は後述します。

加藤完治の教育方式

リーダーの加藤完治の経歴を見ます。加藤は明治17年に東京に生まれ、44年に東京帝国大学（以下、東大）農学部を卒業。入学までの３カ年浪人し、その間に結核に罹患（りかん）、恋人との短い生活を終え、信じていたキリスト教から離れ、生きる上で大切なものは衣食住であり、それをつくり出す農業が尊いと悟ります。卒業後は、内務省に勤務後、水戸市の農業訓練所長、愛知県立農林学校教諭、大正４年に山形県から請われて自治講習所所長（筆者高尾注：農業者養成機関）に就任。古神道と、渡航したデンマークで塾風教育の国民高等学校の影響を受けましたが、土地を持たない教え子の就農がかなわないことを悩み、独自の私立の農学校づくりを構想。茨城県友部町に日本国民高等学校を創設し校長に就任。昭和13年、友部の隣の内原に新設した満蒙開拓青少年義勇軍訓練所（以下、内原訓練所）所長になります。

加藤の教育方式に戻ります。元農林省技術総括審議官の山極榮治の書『日本の農業普及の軌跡と展望』（平成16年６月刊）を基に紹介します。

〝明治以降の農民教育は、農商務省系と文部省系により行われてい

内原訓練所。奥の三角屋根の建物は日輪兵舎群
（提供：満蒙開拓平和記念館）

ました。文部省系の農業教育は画一的、かつホワイトカラー養成の色が濃く、農民教育としては不徹底との批判が高まり、より実践的な農民養成施設の必要性から各種の農村塾が生まれます。その端緒とされるのが大正4年に開設された加藤完治が所長の山形県自治講習所で、いわゆる「塾風教育」と呼ばれる農村教育運動が始まります。農村の中堅人物、特に実践的農民の養成確保を目指し、座学より農場実習を中心とした教育訓練を行い、「師弟同行」「全寮制」「実践教育」を「農民教育の三本柱」としました。

加藤校長は山形に10年いましたが、デンマークの国民高等学校を研究し、加藤なりに変え、①全寮制による師弟同行②みそぎによる心身の潔斎③武道による気力鍛錬―などで、いわゆる農民魂の錬成に重点を置きます。そしてこの教育には官立ではなく私立の方がよいとの結論に達しました。この加藤の教育方式に賛同するグループにより、昭和2年に茨城県友部に私立「日本国民高等学校」を創立し、加藤が校長に就任、学校用地は農林省の種羊場跡地58町歩が充てられ、その後、近くに内原訓練所がつくられました。

日輪兵舎内での食事
(提供：満蒙開拓平和記念館)

この教育方式は、東大の憲法学者筧克彦の古神道の教義と儀式を取り入れた加藤の山形県自治講習所時代に実践された彼独特のもの。実習は在来のすきとくわが主体で、それに耐える体力を武道などで錬成し育成します〟

そして加藤の教育方式について先の学者の上笙一郎は、天皇制農本主義に基づくもので、特にカリキュラムの「皇国精神」は自らが教壇に立ち講義をしたとしています。

なお、加藤が10年いた山形県からの満州農業開拓民は、『満洲開拓史』では1万7177人(うち義勇軍3925人、開拓団員1万3252人）で、長野県の3万7859人に次ぐ全国2位。ちなみに3位は熊本県、4位は福島県、5位は新潟県となっています。

グループの形成は朝鮮半島

加藤グループはどのようにつくられたかを明らかにします。

友部の国民高等学校の修了生は、朝鮮半島の中央部に入植し開拓は成功します。この成功から青少年による満州開拓の根拠となり、那須や橋本らの賛同を得て加藤グループができます。後にグループの実務者の一人となる中村孝二郎が朝鮮半島にいて深く関わります。中村の書『原野に生きる』（昭和48年刊）を基に紹介します。

中村は東京深川区の米問屋の子に生まれます。六高在学時に趣味の登山の折、加藤完治と那須皓に合い、東大農学部進学を勧められ入学し大正4年に卒業。朝鮮京城の開拓会社の不二興業に入社し畜産を担当します。

〝大正12年の秋に山形県立自治講習所長であった加藤が訪れ、修了生の半島入植の話がありました。しばらくして昭和3年、突然加藤から電報があり、半島中部江原道の平康高原に500町歩の開拓地が見つかったので、修了生の入植準備をするよう依頼がありました。

中村は現地を踏査し、入植予定の100戸の住宅と500町歩と隣の朝鮮人の水田とを合わせて1000町歩の整備計画を立て、水利組合を設立することにします。修了生と東北地方から入植、補助金と朝鮮総督府の国有地の払い下げ受けるため産業組合の設立を指導。ここでの開拓が成功し加藤は満州開拓に青少年が適すると確信します。

次の第2弾として、加藤は中村の支援を得て新興里高原農場の開拓に乗り出します。ここは先の産業組合とは異なり、国有地の払い下げを受けるため、加藤がいた山形県下に「財団法人朝鮮開発協会」を昭和3年に急きょつくります。この理事に石黒、小平、橋本、那須らが名を連ね、国有地の払い下げを働きかけ成功、これによりグループが形づくられます。しかし、現地は標高が高く気象条件が悪いため中村は家畜を入れるよう指導していました。

ところが、満州事変後の昭和7年、拓務省が満州開拓移住業務の専任者が必要になり、中村は加藤らの推薦を受け移ります。拓務省入りした中村は総括（リーダー）になり、7人の専門家のチームをつくり第1次から第7次までの試験移民の入植適地選定調査を行います。この調査に山崎芳雄が参画、関東軍の東宮鉄男から警護の支援を受け、予定地の北満を踏査。この調査は、開拓を目的とし山林原野を対象とすべきなのが、関東軍、特に東宮の意向から既耕地をも選定します。このため、現地は不穏な動きがあり、関東軍が警護をしました〞

なお、中村は12年9月に創設された満拓の経営部長に就任し義勇軍訓練所の建設や訓練教育を担当、後に満州国立開拓研究所長に就任します。戦後は北海道標茶町に入地して、開拓村づくりを指導、詳しくは本話「5　青少年義勇軍と加藤グループの戦後」に記します。

3　国策となった百万戸移住計画

加藤の構想が国策へ

昭和11年に二・二六事件が起き、斉藤実内閣総理大臣と満州移民に否定的な高橋是清蔵相が暗殺され、この凶行により満州開拓に反対していた政治家たちの声は小さくなります。この時の広田内閣は、関東軍と加藤グループの働きかけにより、8月に「満州農業移民百万戸移住計画」を重要国策に決定します。

これは11年からの20カ年に１００万戸という世界の植民地史上、まれな規模の計画で、満州国を12年7月から始まる日中戦遂行の後背地にしようとします。満州開拓は不振を極めましたが、関東軍は戦争拡大により、軍の兵員不足を埋めるため開拓移民の移住を増大しようとします。

これには、植民地を経営すべきとの世論と、凶作と経済恐慌の疲弊を打開するための農村改革運動が結び付いたものです。この実現のため満州国は「開拓農場法」を制定し、その中に「農家ハ自ラ其ノ農場ヲ経営耕作スルコトヲ要ス」と規定、入植者の自家保有労力をもって経営することとし、これが大陸新農法としての北海道農法の導入に結び付きます。

先の百万戸移住計画を推進するため、満州国と日本国が費用を折半する条約を締結し、12年9月に新たな機関がつくられます。送り出す側の本土に開拓移民を募集する「満州移住協会」、受け入れ側には満州国開拓総局の下に特殊会社の「満州拓植公社」（略称：満拓、拓植は後に拓殖に改称）を設立し入植地の用地調達、排水不良地などの改良、農具・家畜の貸付けなど入植に必要なもの全てを給付する国営開拓移住の実施機関とします。これ以降、多大な予算が投入されます。

実務者たちの悲観論

この計画を策定する前の昭和7年、満鉄などの開拓実務者が満州開拓をどのように受けとめていたかを学習院大学教授の井上寿一の書（平成24年刊）から引用します。なお、井上の引用元は産業組合中央会（注：現在の全国農協中央会に相当）の月刊誌『家の光』の「満蒙開拓の現実」です。

【満州事変をきっかけとして、『家の光』の農村共同主義は、満蒙へと拡大しようとする。新聞が満蒙開拓の移民熱をあおる。内地で経済的に疲弊していた人々が大陸のフロンティアに一攫千金の夢を見るようになる。満州事変によって新たに生まれたフロンティアは、たとえば那須皓のような農業改良主義による農村の近代化を推進する立場をも幻惑した。那須は満州建国直後のある座談会において、満蒙権益の拡大を擁護して、集団農民移民を勧めている。「土に根を下ろした人間が、単に満鉄付属地というばかりでなく、広く満蒙一帯に行っているのでなければ、私はあらゆる日本の権益というものの維持が段々困難になって来るのではないかと思う」。那須は今や幻想を振りまく側に与して、新聞と同様に移民をあおった。「内地で二進三進も行かない行きづまった人が満蒙に行って苦しくても辛抱すれば五年十年するうちには自作農になれる」。しかし那須の意見は楽観に過ぎた。それは座談会の他の出席者、とりわけ現地で満蒙権益の維持に長年、携わっていた関係者からの批判的意見によって、明らかになる。

元東亜勧業（筆者高尾注：奉天省の満鉄が融資した水田所有会社）農務課長石津半治は、現地で農事経営に関わった経験から農業移民の困難さを指摘する。「農業移民をどうしたらよいかという問題になりますが、これは非常に難しい。そして簡単に計画が立てられないものだと思っております。口では年に一万戸あるいは何万戸と申しますけども、実際に家族を伴われて、あるいは家族を伴われなくても、将来家族を満州に永住しようとする移民を伴われて行くということは、ほとんど想像以上のことだと思っています」。

満鉄東京支店長大淵三樹も石津と同意見であった。大淵は新聞の扇動と安易な移民志願に苦言を呈している。「近頃満蒙熱が盛んだというので新聞は無暗に大変な騒ぎになってしまった。従って満州に移住したいという問い合わせが殺到して閉口している」。大淵によれば「今日なんか全然知らない人が黒竜江省に金脈があるという話だがそのことについて承りに来た。是非会いたいというのが三人来た」という有様だった（『家の光』七年五月号）。

大淵は警告する。「新聞などの無責任なる記事を見て、わずかな金を持って満州に行ってブラブラすることは、その人が自ら困るのみならずこれから大きな事業をやる場合に非常な迷惑をする」。大淵にとっ

てにわかな満州移民は大陸経営の足手まといだった。（略）

要するに満蒙移民はあらかじめ失敗が約束されていたのも同然だった。事実、満州移民は悲惨な末路をたどる。昭和恐慌から脱出しようとしても、大陸は閉ざされていた。満州事変にもかかわらず、農村の閉塞感は強まる】

この記事は昭和７年のものですが、筆者（高尾）は、実務者たちは現地の実状をよく知り悲観的なことがうかがえます。しかし、この農家向けの月刊誌『家の光』と姉妹誌の『地上』は、後に満州移住を推奨する記事が多くなり、編集姿勢が変化したと見ています。

満州移住の形態：青少年義勇軍と一般移民

満州の成年移住者の営農が不振なため、加藤グループは朝鮮での成功から「満蒙開拓青少年義勇軍」編成の建白書を政府に提出し、13年に実現します。青少年義勇軍は銃を持った開拓者であり、昭和の屯田兵とも呼ばれます。この義勇軍と一般移民について、『満洲開拓史』を基に紹介します。

〝義勇軍は、小学校卒業の数え年14歳から21歳の青少年を対象に集団教育を施します。先の内原訓練所と呼ばれた満蒙開拓青少年義勇軍訓練所で３カ月間教育を受け渡満。渡満後は大訓練所で２カ年の基礎訓練、小訓練所で１カ年の農事と軍事の訓練を受けます。大訓練所は５カ所、特別訓練所３カ所、小訓練所が75カ所ほどで、収容人員は大

満馬２頭でのリージャンの耕起
（提供：満蒙開拓平和記念館）

訓練所が４０００～８０００人、小訓練所は平均３００人。これらの訓練所の建設に膨大な予算を要し、それらを日本の建設会社が工事を請負い、整備しました。

訓練を終え集団で入植しましたが、入植当初は共同での営農で、後に各自が独立して個別経営に移行。また国内各地に女子拓務訓練所を設置して、訓練生とお見合をし結婚、「大陸の花嫁」として渡満、若夫婦がこぞって開拓村づくりにまい進しました。

この義勇軍のほか、拓務省は12年から満州移民訓練所を全国（北海道を除く）に設置しました。入植を希望する青年が対象で、既存の農学校などに併設して修練農場とも呼ばれていて、全寮制、師弟同行、実習重視の塾風教育を実施。学科と実習のほか軍事訓練、武道を１カ月施し、開拓団入りし渡満。

青少年移住のほか満州移民団がありました。移民団はその規模により集団開拓、集合開拓のほか分散開拓に分けていました。集団開拓は２００ないし３００戸の団で、県単位、県混成、郷、村単位で結成され、先の武装移民も含め４２２団と、義勇隊の２４２隊、合わせて６６５団が入植しました。特に、集団開拓に希望の多かった長野県や山形県などから分郷・分村の形態で結成され渡満しました〃

このような移住形態がありましたが、満州移住協会は映画や新聞、月刊誌などで大々的に宣伝し、不況を極めていた農村から多くの若者が渡満を希望します。この入植には、土地が必要になりますが、土地は、旧軍閥が保有した土地を接収し、また現地の農民から相場の１から3割程度の安値で、時には武

義勇軍の共同農作業
（提供：満蒙開拓平和記念館）

力をもって買収、住居をも調達します。これにより、現地の在村地主は他への移住や他の農地を買収し自作農に、自作農であったのは小作農に、小作農は苦力（農業労務者）に転落。満州建国前よりそれぞれが1ランクずつ転落、農業国満州の民衆から反感をかうことになります。また義勇軍は北海道開拓の屯田兵制を模したといわれていますが、全く異質のものです。義勇軍は屯田兵と異なり全寮制の塾風教育により、農事より軍事の方に重点が置かれました。また、屯田兵は原生林を開墾しましたが義勇軍の開墾は極めて少なかったのです。

なお、先の分郷・分村移住は北海道からはありませんが、その先駆けになった宮城県南郷村で、北大卒の国民高等学校長の松川五郎が分村移住運動を展開します。同校の卒業生は東宮が創設した三江省の饒河少年隊（正式名は大和北進寮）、後の青少年義勇軍訓練所に送出します。その後松川は、加藤グループの石黒忠篤が会長の満州移住協会に移り、各地で分村運動を推進。戦後は北海道豊富町に入りしてサロベツ原野の農業開発に尽力します。これについて、本書の「余話」に記します。

次に、この義勇軍について知る識者の感想を紹介します。

4　識者の青少年義勇軍の感想

訓練所教士・上野満

上野満の書『協同農業四十年』（昭和50年刊）を基に紹介します。上野満は明治40年福岡県に生まれます。渡満して義勇隊教士になり農事訓練を指導。戦後引き揚げて茨城県の利根川下流部で共同農場をつくり成功。著作が多く昭和43年に吉川英治文化賞を受賞。農業の共同体経営により日本農業賞を受賞。書では満州の訓練所教士時代を回顧しています。

〝昭和15年から新京の満蒙開拓少年義勇隊訓練所で指導。17年に訓練生15人とともに北満の一面坡（イケメンツー）に入植。訓練生と生活を共にしましたが、彼らはあまりにも世間を知らないということでした。小学校を卒業するとそのまま北満の荒野に送り込まれ、銃を片手に軍隊式集団生活ばかりしてきた彼らは、盆も正月・お九日も節句も知らない。日本の昔からの慣習なんか何も分からないし、さりとて、満州の生活慣習が分かっていない。全く無知で、働いて生産することは分かっていても、いかに生活をするべきかについては、全然と言っていいほど何も分からないということで、これは恐ろしいことでした。

また、開拓予算の問題点として、第1に訓練所は3000人～6000人の収容で、膨大な予算が使われましたが、耐寒建築の知識、技術が不足なためぺーチカは施工不良が多い。第2に人件費が、特に職員の給与を多く要していましたが、教士の多くは出稼ぎ気分でした〟

児童文化学者の上笙一郎

上笙一郎の書『満蒙開拓青少年義勇軍』（昭和48年刊）を基に紹介します。

〝義勇軍は耕地と農機具、役畜などが十分に与えられていましたが、その成績は惨憺（さんたん）たるものでした。加藤完治が推奨する、耕地の作土と心土を人力のスコップで入れ替える園芸作向けの「天地返し」農法を推奨しますが、これは現地の風土に合わず、収量はまいた種の分量より少ないという例もあり、少年らは「まけば減る義勇軍農法」などと自嘲していました〟

満州建国の黒幕の甘粕正彦

甘粕正彦と言えば満州建国の黒幕といわれていますが、甘粕と交友のあった満州国高官の武藤富雄の書『満州国の断面　甘粕正彦の生涯』（昭和31年刊）を基に紹介します。

〝甘粕が内原訓練所を視察した時のエピソード。甘粕が「青年たちの娯楽は何ですか」と尋ねると加藤完治の代理の者が「相撲や剣道です」と答えました。すると甘粕はこれを否定して言下に言いました。「昼間農業をやって疲れた若者が、相撲や柔道や剣道をやって何が娯楽になりますか。苦しい労働をした者には、楽しい遊びが娯楽になり、気分転換になるのです。だから世間では、碁や将棋や音楽、映画、演劇を娯楽というのです。人間の生活には楽しいものや美しいものがなければ長続きしません」。

武藤はこのエピソードを引き合いに、甘粕は偽善者を極端に嫌いました。甘粕はあごひげを長く伸ばしているような男（筆者高尾注：加藤完治を指す）を総じて嫌いました。〟

シベリア抑留看護婦の小柳ちひろ

満州で看護婦だった小柳の書『女たちのシベリア抑留』（平成31年刊）から引用します。

【正装したソ連兵が、犬を連れて雪の中に飛び出して行った。逃亡者が出たらしい。午後の作業は中止された。

姿が見えなくなったのは、第二中隊に所属する、満蒙開拓少年義勇隊の五人の少年たちだった。あまりに辛い労働から逃れようと、凍結したアムール川を越え、満州を目指したらしい。

「逃げられるはずがないのに………」話を聞いた人々は、やりきれない思いに包まれた。

第二中隊の隊長は、この夜、処罰を受け、営倉に入れられた。営倉は鉄格子越しに外気にさらされる。凍死するかもしれない。看護婦たちは、祈るような気持ちで一夜を明かした。

翌日、逃亡兵が捕まった。少年たちは国境から五百メートルほど手前の地点で、寒さに耐えかね、焚火をしているところを見つかったらしい。とっさに逃げようとした二人が射殺され、あとの三人は収容所に連れ戻された。（中略）捕らえられた三人は医務室に運び込まれた。

看護婦たちは懸命に手当てしたが、みな全身凍傷で、ほとんど仮死状態だった。手当てしようにも薬がなく、消毒液でマッサージするぐらいしかできなかった。三人とも肺炎を起こし、間もなく二人が息を引き取った。どうして幼い少年たちまでもがこんな目に遭わなければならないのか。看護師たちは悔しさと悲しさでいっぱいだった】

作家・澤地久枝

澤地の書『いのちの重さ―声なき民の昭和史』(昭和64年刊)から引用します。

【私は戦後、吉林市の路上で、開拓少年団の生き残りの少年たちとすれ違いました。飢えとチフスの熱の後遺症で、私と同年の少年たちは痩せ細り、幽鬼のような姿で陽光の下を歩いていました。すっかり抜け落ちた頭髪に、もやうように細い薄茶色の髪が伸び始め、風に揺れていました。

十五歳の私は、同世代のほんの子どものような少年たちにこのような試練を課した指導者への不信と怒りの気持を持ちました。日本へ帰ってきて、満蒙開拓の父(筆者高尾注:加藤完治を指す)といわれた人が自決もしていないと知ったとき、使い捨てにされる人間、踏みににじられる人間の人生が人為的なものであり、それは不当だという気持を強くしました。私の心には、いつの間にか火種がつくられていったようです】

5　青少年義勇軍と加藤グループの戦後

義勇軍の終戦時の模様を、先の上笙一郎の著『満蒙開拓青少年義勇軍』を基に紹介します。

〝青少年義勇軍の内原訓練所の名簿から、送出した総数は8万6530人、そのうち死亡(行方不明を含め）は2万4000人で、27・7％に達し、終戦時の悲惨な状況になりました。

訓練所では、鉄驪（てつれい）と大石頭（だいせきとう）などのように、地元農民たちから小規模な襲撃を1、2度受けただけで、比較的に無傷でソ連軍の進駐を受けたところもありました。しかし、国境線すれすれの地点に置かれていた東寧や孫呉の訓練所などは侵入して来たソ連軍と交戦し、少なからぬ犠牲者を出したのです。分けても悲惨だったのは東寧訓練所本部に勤務していた人たちとその家族および病気入院中の訓練生など56人で、恐らくは作戦の足手まといになるとの理由から、陸軍777部隊長である駒井少佐の命令で、青酸カリと手りゅう弾で強制的に自決させられたのでした。開拓団員の大部分は召集されており残留者は主として婦女子、しかも乳幼児を抱えた若い母親だったため、悲劇の色がいっそう濃くなったのです。この悲劇を招いたのは、満州駐屯の70万の兵力を有する陸軍最強の関東軍が、太平洋戦争の戦況が悪化した19年暮れから数師団単位で南方戦線へ転送。このため一般の開拓団の青壮年層と兵役年齢に達した開拓義勇団員を補充しますが、全てがソ連軍侵攻前に無力化されていました。加えてソ連参戦と同時にいち早く関東軍は南部の大連、新京、図門をつなぐ連京図ラインへ撤退したためでした〟

終戦後の加藤完治

先の上笙一郎の書『満蒙開拓青少年義勇軍』を基に紹介します。

〝加藤は8月15日の玉音放送を内原訓練所で聞き、そのまま号泣、辺りが自決を心配しましたが、自決することなくこの後二十数年生き延びます。GHQの戦犯逮捕はまぬがれましたが、戦争協力者として公職追放処分を受けます。ジャーナリズムから痛烈な批判があり、加藤は風当たりを少なくするため彼を慕う訓練所幹部60人の青年たちと福島県西白河郡に開拓入植します。昭和25年に公職追放解除があり、それまでの逼塞（ひっそく）生活を打ち切り、内原訓練所から名を変えていた日本国民高等学校長に復帰します。

そして、昭和38年に「満洲開拓殉難者之碑」が建立されます。碑は東京都多摩市聖蹟桜ケ丘にあり、碑面に加藤の筆による「拓魂」の2文字が彫られています。毎年4月の第2日曜日に全国から元義勇軍隊員が数百名集まり加藤も参加して慰霊祭を開催、警視庁音楽隊のファンファーレに始まり国歌や加藤が考案した体操のヤマトバタラキの歌詞の一節、また、歌詞に樺太・朝鮮・台湾・満洲を挙げ、「すめらみこ（天皇）を仰ぎつつ…野に山に…敷島の大和魂を植える」ため「いざ立て健児」とある『植民の歌』を皆で、酒が入らない全くのしらふで唄ったとのことです。戦後においても加藤は天皇制農本主義者であり続けます。昭和42年肝臓がんで死去、享年83歳〃

加藤グループの引き揚げ者の援護

加藤グループは、戦後になり満州開拓引き揚げ者の援護活動を始めます。

石黒忠篤は、満州移住協会会長でしたが、終戦時内閣の農商大臣に就任します。しかし協会は、戦後すぐに解散、石黒は満州開拓民援護会の設立を企図しますが、公職追放になります。企図した援護会は設立され会長に石黒の懐刀と言われた小平権一が就任しますが、小平も公職追放になります。ただ解散の移住協会の財産は援護会に引き継がれます。これは終戦の混乱と解散が年度途中なこともあり、引き継がれた残余の財産は、引き揚げた満州開拓団員に退職金と称し、提供されたといわれています。

満拓理事であった宗光彦は、戦後「全国開拓民自興会」をつくり会長に就任、引き揚げ者援護などの活動が認められ23年12月に先の援護会の財産を引き継ぎこの自興会に一本化します。しかし、宗は公職追放になり会長を退き、栃木県那須の開拓地に入植します。26年にこの会の有志により「国際農友会」が結成され、那須皓が会長に就任しアメリカなどに農業研修生を派遣、北海道から多くの若者が渡航します。

中村孝二郎は、戦後引き揚げ、北海道標茶町に入地し開拓村づくりを指導します。中村は満州旧弥栄村からの帰還者を中心に開拓団を結成し村づくりを進めます。中村の書『原野に生きる』（昭和48年刊）を基に紹介します。

〝戦後開拓団の入植地の選定は東北地方を含め検討したが、標茶町の多和地区に決めた。そこは旧陸軍軍馬補充部川上支部の跡地で、補充部は廃止となり土地建物は国の開拓財産となっていました。

昭和23年７月に銓衡（せんこう）委員会を設置して入植者を決めました。満州旧弥栄村37人、同村以外から５人、満蒙開拓青少年義勇軍５人、満州以外の一般人30人、合計75人でした。

中村は標茶町弥栄開拓農業協同組合の結成を指導。開墾地は２５０町歩で、幸いにも補充部の農道が既にあり、開墾は国の農地開発営団が施工、それに入植者が下請けに入ります。また立木伐採作業の賃仕事と副業の製炭で収入を得て開拓を進めます。24年、雑誌記者で後に作家になる平林たい子が取材のため訪れます。

村づくりに石黒忠篤や小平権一など加藤グループの人脈を生かし、農林省などに働きかけ開拓用地を調達。畜力農機具を駆使して酪農経営の確立を図ります。営農が軌道に乗り、開拓農協は国の補助事業を活用して牛乳処理場や加工場、人工授精所を整備し、村づくりは成功します。

入植10年目の32年に中村は勇退し標茶町から去りますが、開拓農協発行の『弥栄開拓二十年』に41年の記念写真があります。満州で死亡した旧弥栄開拓団長の山崎芳雄の追悼碑の前に四十数人の入植者のほか、中央に来賓の中村孝二郎と加藤完治がいて、戦後になってもグループの絆の強さをうかがうことができます〟

第2話　大陸新農法を巡る攻防

府県の経営規模の小さい農家の満州入植者は、10町歩の配分地を耕作しきれず、小作人を入れたり、多くの苦力を雇用するなど営農は不振を極めていました。「満州農業移民百万戸移住計画」が決まり、営農不振を打開するには、入植者の自家保有労力での耕作が必要なため、満州在来農法から北海道農法に転換することになりました。第2話では、この転換過程と新農法の成果を明らかにします。

1　大陸新農法と北海道

営農調査と実証

「満州農業移民百万戸移住計画」は昭和11年8月に国策になります。この計画を達成するには入植者の営農不振対策が喫緊の課題で、日満両国は14年12月に「満洲開拓政策基本要綱」を発出し、大陸新農法を積極的に創成をするとしました。併せて組織改革を行います。

満州国では開拓政策の指導監督を開拓総局に一元化、その下に新たに満州開拓青年義勇隊本部を独立の外局として創設。日本本土の募集宣伝などは拓務省の所管としました。これらは質量とも強力に推進するためのものでした。

この要綱の発出当時の日満両国の情勢について、帝京大学の玉真之介の論文があります。玉は、昭和60年に北大大学院農学研究科を修了し、岡山大、弘前大の教官、岩手大副学長などを就任した経歴があります。論文の『満州開拓と北海道農法』（昭和60年発表）を基に紹介します。

〝基本要綱の発出の前年、移民を送出する満州移住協会と農林省の外郭団体の農村更生協会（筆者高尾

注：昭和９年に農村不況に対して創設した機関）が、北満での営農不振に対して大掛かりな調査を行います。成果として『北満農業調査報告』を公表しました。それには満拓公社が北海道農会幹事の小森健治と琴似町の実践農家の三谷正太郎の２人が３カ月にわたり、現地の農業経営調査をし、先の報告書をまとめます。その中に、高畝栽培など満州在来農法を痛烈に批判、北海道農法の採用を提唱します。しかし、開拓総局内では、なじみのない新農法の採用に反対の声が多く出て、実験農場を設置し実証することにします。実験農場は第１次武装移民と同じ北満の三江省の弥栄村と第３次の瑞穂村に、北海道農法の実践農家各１戸を昭和13年から入植させ実証展示をします。

弥栄村に入ったのは小田保太郎。小田は根室標津村（現中標津町）計根別から家族と共に家畜と農機具などを携行し入植、10町歩を自家労力で耕作し、乳牛のホルスタイン種10頭の飼養に成功します。瑞穂村に入ったのは先の三谷正太郎で、三谷は琴似村発寒（現札幌市西区）で農場を経営、渡満に際し農機具を携行しようとしますが、満州の土壌が違うので合わないと言われていました。しかし携行したプラウや除草機などを駆使し、収穫だけは苦力を雇用したものの20町歩を自家労力で耕作、驚異的な結果になりました〞

なお、当時の府県農家の平均耕作面積は７反歩ほどといわれています。

指導者・須田政美の回顧

この２人の実証展示を指導したのが満拓にいた須田政美です。須田は、弥栄村、千振（ちぶり）村を調査します。戦後引き揚げ、当時を回顧した書『辺境農業の記録』（昭和33年刊）を基に紹介します。

〝弥栄村は、個人配分地の10町歩を従来の農法で経営してみて、既に労力的破綻を来し、農耕経済の実権は、漢人農民の苦力に掌握されかけていました。いわゆる「羽織百姓」に転落して、農地の経営は満人に任せ、協同組合や村公所に勤務し俸給収入を得るとか、木材を扱うとか、農産加工に専念するとかなどの土地を離れて兼業地主的存在に変わった者も相当数に上っていました。そしてなおその経済生活レベルの向上には何らかの保証、希望も持ち得ません。

また、気候条件がこの弥栄村よりやや良好な武装第2次開拓団の千振村では、約10町5反の経営で、営農は夫婦2人の労働が全体の24％を占めたのに対し、残り76％は雇用労働で賄っていました。この頃の労賃の高騰から寄生地主に転ずる恐れがありました。これは全満の傾向で、昭和12年度の満鉄報告によると、３４００戸の1戸当たり平均経営面積はわずか3町7反歩に過ぎず、残余の6町３反歩は現地の農民が小作していました。これは、日本の小作制を解決するためであり、自家労作で完結する経営を目標として移民を募集したものの、渡満後も相変わらず小作制を温存することになりました。この矛盾の中で先の２つの村に北海道から2戸の農家が北海道農法の実験農家として入植。２人は既に50歳を超えていて、共に経験ある実践者でした。また、２人の入植者地は北緯45度に位置し、冬季の寒冷な中での乳牛飼養は不可能と言われましたが、ホルスタイン種を北海道から持ち込み、零下40℃に低下した中で越冬に成功、北満における営農の新たな方向を示すことができました〟

2　大陸新農法を巡る論争

加藤グループの反対論

先の実証展示の成功から、満拓は大陸新農法として北海道農法を導入しようとしていました。

北海道農法を唱導していたのが開拓総局の松野傳(つとう)と同経営主任の山田武彦でした。松野は北海道拓殖実習場長から満州国の奉天農大農学部長で、開拓総局技正を併任していました。

昭和15年7月の奉天市のヤマトホテル（筆者高尾注：満鉄のホテル）で開催の「日満農政研究会総会」に松野は出席します。玉真之介の先の論文『満州開拓と北海道農法』の総会議事録を基に紹介します。

〝松野は北満での北海道農法の実証成果からその有効性を説明します。しかし、委員の加藤完治は、「北海道の農民は利益を中心に動き回る」と決めつけ「民族協和、日満不可分の大きな理想を振りかざして移民をやろうと言うのに、そういうふうな方面では一方的に利益中心として動くことは考えねばならぬ」として実験農場を批判。つまり加藤は営農問題や農法の適合性うんぬんではなく、北海道農法の導入は自らが先頭に立って進めてきた民族的使命感に基づく移民を、経済的インセンティブに基づく自由主義的なものへ変質させることを恐れ、感情的になって批判したのでした〟

また『満洲開拓史』（昭和41年刊）では、〝加藤グループで同じ委員の橋本傳左衛門が、「大陸新農法」との表現に対し、アメリカ的大農法を連想させて不適切であると強く抗議、「改良農法」と改称させました。このよう異論がありましたが、北海道農法の導入が決定した〟とあります。

北海道農法とは

改称はしたものの実体は北海道農法でした。先の『満州開拓と北海道農法』から引用します。

【満拓では「プラウ、ハローなどの畜力用農具による耕種法と北方寒地帯に合理的な有畜農業」であるとし、具体的にはプラウによる完全耕起とハローによる整地及び雑草根の除草（除草はハロー）、そしてカルチベーターによる畜力除草等を通じての労働力の節約と季節配分、また三～五頭の乳牛飼養による堆肥増産・肥料の自給化。そして雇用労働と購入肥料の排除による経営の安定化と乳製品により入植者の栄養改善、という総合的なものであった】

また、北海道農法の成立について共著書『北海道の研究　近・現代篇Ⅱ』（昭和58年10月刊）の玉の「北海道農法の成立過程」を基に紹介します。

〝明治新政府の北海道開拓使は、短い農期と少ない労働力、そして5町歩の植民区画の土地に対し、アメリカ農業の馬耕営農を普及しようとして、プラウの払い下げなど種々の施策を講じていました。普及の手がかりを得つつあった明治20年代に入り、北海道庁は「土地払下規則」を施行し、一定の土地貸与期間を設けた大土地所有を認めました。これにより入植者が増えだし、小作農場ができ、プラウ耕は北海道開拓に極めて有効でした。

その後、開拓団体の土地払い下げが認められ、府県で寒地農法を持った東北、北陸地域から入植者が増えだし、日清戦争後に開拓は軌道に乗ります。農産物は府県市場に進出し、豆類、菜種が商品作物になります。これによりプラウに加え畜力除草機を生みだし、収穫が手刈りながら北海道農法の原型ができました。

画期的なのは水稲で、明治6年、島松の中山久蔵が水苗代で稲作に成功し、その後、直播器の開発と北海道土功組合法の施行により、米需要の増大に応え稲作地は北進します。

開拓当初、自給作物であった馬鈴しょはでん粉製造技術の開発により作付けは伸び、第一次世界大戦から豆類とともに特需が起き、農村は豆・でん粉景気にわき、入植者が急増します。

戦後は反動の不況が押し寄せ、農産物価格は下落し、豆類、馬鈴しょの過作により地力は低下、農家経済は大きな打撃を受け、低迷します。ただ大正7年の米騒動により米需要が拡大したため北海道は畑作の再生との2つの方向に対処します。それは土功組合による造田の推進と畑地の地力再生を目指す農法の導入で、畑作のモデルとなったのが、デンマークなどの北欧型の有畜農業でした。

デンマークに官民の技術者を長期に派遣し、大正12年にデンマークとドイツから酪農家とてん菜などの栽培実績を有する畑作農家の4戸を札幌と十勝に招へい、5から7年間居住し模範農家とし営農を実証、生活改善を含め展示します。これにより、有畜化による堆肥増産と深根作物のてん菜、馬鈴しょをキーとし、プラウによる深耕や輪作を展示します。そして開拓以来70年にして作業体系が手刈り畜耕型の北海道農法が確立しました〟

なお、稲作農法の展開については本書第5話に筆者（高尾）から紹介します。筆者（高尾）から満州在来農法から北海道農法への変化を要約します。

在来のリージャンでの浅起こしからプラウの深起こしに、播種床は高畝から平畝に、人力除草から畜力農具除草（カルチベーター）に、堆肥は土糞から牛馬の排せつ物の投入により地力を培養、連作から輪作に転換します。

このリージャンは、大工1~2人の手間で製作できる木製製品であるのに対し、プラウやカルチベーターは、頑丈な金属製品で、その普及には現地に農機具製造工場が必要でした。役馬は満馬からけん引力のある日本馬に、牛は役用牛に加え寒冷な満州で飼養可能な乳用種を導入し乳製品加工場を新設します。これら農業を補完する関連工業を導入して、併せて満州農村の劣悪な食生活の改善を図ろうとしたものです。これを実現するには、各地の開拓団に見合った家畜や農機具を行き渡らせることが重要になりました。

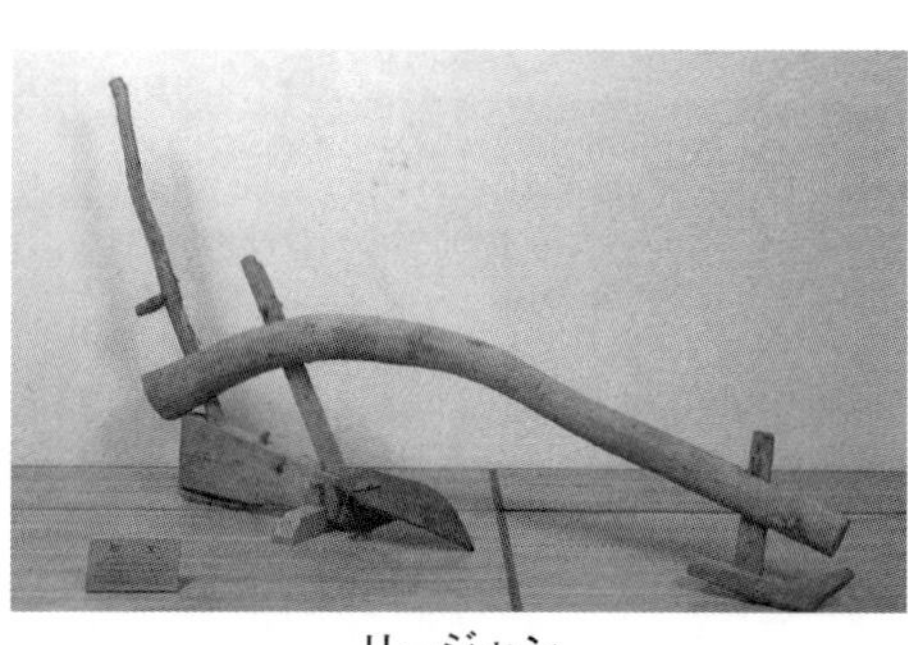

リージャン
（土の館『展示案内書』から転載）

馬耕プラウ
（土の館『展示案内書』から転載）

戦争拡大による農産物の統制、満蒙開拓へ

日中戦争開戦以降の動きを玉真之介の書『総力戦体制下の満洲農業移民』（平成28年刊）を基に紹介します。なお、この書は筆者（高尾）に御恵贈頂きました。

〝昭和12年に日中戦争が始まり、日本は米欧との貿易が縮小しだし、占領地の華北を含む日満支のブロック内食糧自給体勢の確立を図ることになり、満州移民は変化しだします。本土の農村は戦争景気と若者の軍への召集により労力需給は切迫しだし、かつての次・三男の過剰問題はやや解消します。戦時体制に入り、新たに亜麻などの軍需作物と米の国内需給の均衡を図るため計画的生産が国策になります。これに連れ、満州移民は集団移民の希望者が少なくなり、分村移民は人が集まらず郡単位の郷移民に切り替えますが、その規模は小さくなります。また、義勇軍志願者が減少しだします。

入植者が減少している中で満州国は、農産物のブロック内自給を達成するため米、大豆、麦の穀類とコウリャン、トウモロコシの本土向け飼料作物の増産を強化。この達成には、これまでの既耕地の買収から未墾地を調達して開拓を推進することとし、開拓は昭和14年に開田14・8万町歩、開畑19・2万町歩の合わせて34万町歩を計画します。このため、「満州移民」から「満蒙開拓」に名称が変わります。

満州国の戦時経済体制の確立のため、当時、農林省経済再生部長で、加藤グループの小平権一が関東軍顧問に招へいされ、満洲農業政策大綱を立案。小平は東条英機の参謀総長代理として審議委員会に答申し、12年5月に政府決定します。13年11月、日本国政府と調整し作成した米穀管理法を交付。対象品目は米、麦と後に大豆、トウモロコシ、コウリャン、アワを加え拡大します。生産目標を達成するため、全満を8つの「米穀管区」に設定し、その下部の各県に農事合作社をつくり農産物を収買。各管区の需給調整は、小平がトップの「満州糧穀株式会社」が当たり、これまでの糧桟（リャンジャン）が介入できないようにします。

県の下の各部落には農事組合を設置して、供出は部落の連帯責任とし、不調な場合は警察権を行使し強制しました。しかし、収買実績は米で90％、現地人の主要穀物の小麦は62％、コウリャン71％、トウモロコシ74％と低く、規制は当局の思い通りにはいきませんでした。米の統制実績が高かったのは、稲作は供出が条件の免許制とし、ほとんどが日本人と朝鮮人が作付けをしていました。一方、小麦などの畑作物は、大部分が漢族などの現地人が作付けしていたためでした〟

この農産物供出の強制とかつての安い価格での入植用地の調達、現地農民の軍への徴用による労力不足の3つは、満州国のほぼ8割を占める農民に深刻な打撃を与え、恨みを買うことになります。また、この労力不足と食糧増産は、日本からの入植農家に大きな影響を及ぼすことになります。

労力不足に対処する北海道農法

筆者（高尾）から補足します。満州在来農法の高畝栽培は、播種などに多くの雇用労力を要し、頼りの苦力の労賃は日中戦により高騰しだし、年雇で2倍、日雇で2倍半から4倍になり、物価も高騰しインフレ状況になりました。それに連れ中国の華北から出稼ぎ苦力が流入し円は流出、日満経済ブロックの維持に苦慮し、苦力の入満を制限します。これに対し、畜力一貫作業体系の北海道農法は光明と言え、その定着が喫緊の課題になりました。また、満州在来農法をそのままにすれば、本土からの大量の入植者の地主化と苦力への依存を招き、国民政府総統の蒋介石からは経済的封建制を輸出とのそしりを免れません。これらから、加藤グループは北海道農法の導入に感情的に反対したものの、導入を受け入れざるを得なかったのです。つまり円ブロック内の満州国の開拓団は、円を守るためにも、それに沿って省力な畜力営農の展開が必要になったのです。

アメリカのルイーズ・ヤングの書『総動員帝国　満州と戦時帝国主義の文化』（平成13年刊）から引用

します。

【そもそも満州開拓計画とは、経済的に自立した中農を形成するという理想へまい進し、内地の農村社会を悩ませてきた階級差や小作制度が出現しないよう計画されたものである】

加藤が創設した「満蒙開拓青少年義勇軍」は、昭和16年、北海道農法の講習会を開催し、順次普及を図ります。それでも戦争の拡大による労力不足を補うため日満両国は、昭和14年から朝鮮半島を含む帝国内において「満州建設勤労奉仕隊運動」を展開します。これを国家総動員法の国民運動と位置づけ、本土の男女の学生生徒を満州の開拓団に派遣します。

この運動について『満洲開拓史』から引用します。

【当初は二か月ほどの派遣であったのが終戦近くは七か月ほどになり、中には越冬し次の奉仕隊に引継ぐようになります。各年七、二〇〇〜一一、四〇〇名が送り込まれ、労力不足を補います。ちなみに、終戦時の混乱によりこの運動による日本人の死亡と行方不明者は九四〇名に達した】

なお、本書第4話に、この運動に北海道庁立十勝農業学校が参画したことを紹介します。

北海道開拓の状況と満蒙開拓

北海道農法の普及を図るため実験農家を渡満させようとしましたが、当時の北海道開拓と植民地の情勢について『新北海道史　第五巻　通説四』（平成9年刊）の「拓殖が停滞した」を基に紹介します。

〝北海道は「第二期拓殖計画」（計画終期昭和21年）の途次で事変、戦争の進行中は、府県からの移民に希望が持てなくなって人口の社会増は依然として減少し続け、かえって都市に人口が集中したことなどから、拓殖の担い手を道内に求めました。しかし、その結果ははかばかしくなく、戦争の進行に伴う動員、新たな満州移民問題の発生で、拓殖は後退せざるを得ませんでした。

北海道庁は満州事変後の昭和8年から根釧原野の「開発五カ年計画」を樹立し実施してきました。ところが、樺太移民政策が確立して根釧の移民を吸収したので北海道の殖民事業の進行は抑えられ、さらに満州移民が始まり、日中戦争開戦すぐに満州移住が国策になり、一転して希望者を募集しました〟著者（高尾）から補足します。満州移住の募集停止の時期に移住を熱望した人は、府県の親戚や友人に頼み、移住を申し込み渡満した人が少ないながらいました。

実験農家の送り出しに対峙した北海道庁

北海道農法の導入が決まり、その普及を図るため北海道から実験農家などの渡満が必要になりました。満州国の北海道庁との調整について『満洲開拓史』から引用します。

【昭和十四年拓植委員会事務局長稲垣征夫は松野傳氏を伴い北海道庁に赴き、戸塚北海道長官と数次の会談を重ね部長会議を開催して検討し、大体の諒解を求めて帰任した。しかるに部長会議を欠席した拓植部長の抗議によって内諾が取り消されたので、改めて拓務省拓務局長安井誠一郎（筆者高尾注：戦後は東京都知事）が拓務省に転任していた山田武彦技師の案内で、北海道に出張し交渉の末、ようやく実験農家二百戸送出の許諾を得た次第である。そこで、第一回実験農家の募集送出その他の斡旋は北海道農会に委嘱した】

3　北海道農法の推進策

具体的な推進策とその思想

北海道農法を唱導した松野傳の論文『北満開拓地に対する北海道農業の新使命』（昭和13年発表）を引

用します。

【北海道農法を採用して、一日も早く移民をして大地に足のつきし希望ある経営をなさしめ、日本移民の農業技術をして、満農に実力をもって敬服せしむるが如く措置せよ】

その3年後の松野の書『満洲開拓と北海道農業』（16年6月刊）の「満洲は北海道に何を求めているか」から引用します。

【北海道にいた時は忠実なる北海道庁官吏であったはずであるが、満州に来ては忠実なる満州国官吏であるとともに、あくまでもほかの民族を指導しその先頭に立って進むべき日本人であるとの毅然たる自覚がまず台頭する。またこの満州の国策たる開拓農業をなんとか完成して、やがて東亜の大天地に我々の手によって新しい農業の確立を期せんとする時、毅然たる使命感に打たれる】

また、満拓の北海道農法の推進策は3つであったとして、先の須田政美の書『辺境農業の記録』（昭和33年刊）から引用します。

【①満拓の現地プラウ農法指導要員、約二百名を北海道農家から採用し開拓団に配置した。

②満拓が当初、実験農家を招致していたが、政府開拓総局が事業を引継ぎ拡充、北満に実験農場十八を設置し、北海道から百九十二戸を入植させ、実地に技術・経営を展示させた。

③プラウなど農機具の北満の各土壌に適する規格の設定は、北大常松助教授の応援をえて、二年がかりで完成、この製造・供給は北海道農法の必須条件であった。満拓は北海道各地からの農機具中小工場を方々に移駐させ、資金を融通し、原材料を供給し製品を納めさせて、開拓地に配給した。これら業者も北海道で松野の指導を受けた、いわば息のかかったメーカーがほとんどであった】

玉の論文の具体策

北海道農法推進の具体的な策について、玉の先の論文『満州開拓と北海道農法』を基に紹介します。

〝第1に、満州移住の青少年義勇軍と開拓団のほとんどは府県出身者で非農家の人も含まれていて、北海道農法になじみが少ない。このため、普及奨励策として、①大きな柱として主要な開拓団に北海道の先進農家を入植させ、北海道農法を実証展示する。北海道から１９１戸が18カ所に「開拓農業実験場」移住②開拓農業実習で、農家４戸に北海道農法の農具の購入に補助金を交付③開拓農業長期伝習制で、開拓団員を北海道の農家に４~11カ月派遣し農家実習を実施。この年は１４７人が十勝網走で実習した④営農指導職員長期講習会の開催で、営農指導員を４カ月、北海道立十勝拓植実習場で訓練し、この年に45人が受講した。なおこの場は開拓総局の松野が北海道庁勤務時に設置に尽力していた⑤満州国内の営農指導体制は新たに開拓総局を本部とし、東、西、中央に区分する巡回指導体制を創設。北海道から募集の熟練農家40人を含め1班３~４人の指導員による営農の指導班を22班で巡回した。

第2にその実現には農機具が必要です。義勇隊、開拓団には、新たに大量の農具と馬が必要になり、その確保が重要で北海道から導入することになりました。具体的に畜力用農具として、プラウ、ハロー、カルチベーター（３畦用など）、播種機、肥料まき器など10数種。北海道から昭和15、16年の両年に38の農機具工場を移駐したことにより、年産1万９０００組の生産見込みが立ち、満拓公社は開拓農家４戸に1組とし5カ年で全戸に普及する計画が立てられました。移駐工場のうち、８社が合同して奉天に「国際工作工業株式会社」を設立しました。また北満の黒土地帯では土がプラウに粘着し反転しない問題に対しても、北大の常松栄助教授考案の炭素焼鋼で一応解決が図られました〟

農耕馬（軍馬）の飼養

ここで著者（高尾）から北海道農法に欠かせない農耕馬について紹介します。

満馬は馬格が小さく、けん引力は日本馬の半分ほどでプラウの深起こしはできません。そこで日本馬を移植するため新たに馬産開拓団を創設、昭和18年に根釧から募集に応じ三江省に入植しました。また、釧路大楽毛（おたのしけ）の馬市場で満州開拓団向けの馬を買い入れ、また満州開拓団に購入補助金交付や家畜診療所の設置などの対策が講じられました。

これに深く関わるのが軍馬でした。国は全国の陸軍軍馬補充部や馬市場から軍馬を確保し関東軍の装備品としましたが、これを開拓民に貸し出します。この制度は昭和15年につくられ、松野はこれを軍馬の一時的備蓄と言っています。開拓民に預けられた軍馬は、日中戦争の拡大により転出しました。しかしながら頭数などは軍事機密になっていました。

現地の農家は役牛が2戸に1頭ほど飼養され、この役牛と満馬の排せつ物の農地還元では養分不足を来していました。このため北海道農法の展開には渡満の入植者に、役馬と乳用牛を携行するよう要請します。

『満洲開拓史』の中で開拓団名に「酪農」「畜産」と冠したのは、北海道の酪農八紘村開拓組合と樺太出身の鉄驪（てつれい）畜産開拓組合の2つでした。酪農八紘村開拓組合は、戦後引き揚げて北海道静内に入植しますが、その顛末（てんまつ）を本書第4話に紹介します。

畜力農機具の開発と製作工場の移駐

北海道は開拓期にアメリカから大型畜力用農機具を導入しましたが、農家に普及しませんでした。このため北海道に適応した農機具を独自に開発し普及、満州に導入されます。満州での導入について松野の書『北海道農業の想い出—古巣を訪ねて』（昭和27年11月刊）から引用します。

【満州に移駐した工場のほとんどの経営者とは顔なじみで、それは北海道農事試験場と根室支場長時代に、全道のメーカーと言っても、まだ村の鍛冶屋さんほどの工場主を集め、現地で農機具の比較試験を行った。特に根室試験場時代、現地で直ぐに不具合を調整するため、フイゴ、金敷、工作用具など持参して、近くの木を伐採して火炉に火を入れトテンカンと手直しをし、審査に合格を期していた。

そして満州では昭和十六年、各戸に主要な農作業農機具五機種を一組として、農機具を開拓団に行き渡らせようとして、急遽北海道から取り寄せたところ不良品が混在していて、開拓農家から不評だったので、農機具工場そのものを移駐することになりました。

この動きと前後して、日本において日中事変の推移にともなう中小企業の転業が重要な社会問題となり、ここに日満両政府の了解のもとに、工業組合中央会が斡旋に乗り出し、農機具中小企業の満州移駐が企画せられ、その大部分は北海道におけるプラウ農業に関する農機具工場に重点が向けられるに至ったのである。これには、先の農機具の不成績に鑑み、速やかにそれの改善を期し、北大常松助教授を招へいして各地の土壌に適合する農機具の研究を委嘱、一応各機種の農具につき暫定規格を制定し、厳重に検収した】

この移駐工場の中に故郷の北海道上富良野に引き揚げて工場を再建し、日本のプラウ製作のトップメーカーとなったスガノ農機があり、その記録を本書第５話に紹介します。

4　北海道農法の実施状況と成果

北海道農法の成果を見るには、導入前後を経済的に対比して評価するのが一般的ですが、その資料は見当たらないので、ここでは収益を左右する単収の記録から見ます。

北海道多寄村（現士別市）から指導農家・実験農場長として渡満した唐木田真の書『三反百姓の小倅（こせがれ）

の足跡』(昭和57年7月再版)を基に紹介します。

〝入植初年の昭和17年、吉林省舒蘭県の水曲柳(すいきょくやなぎ)開拓団の実験農家18戸の単収は、天候不順にもかかわらず、大豆154kg、小豆181kg、馬鈴しょ3000kgで、北海道と遜色なかった〟なお、唐木田は北海道に戦後引き揚げ、豊平町真駒内で開拓入植しました。その回顧録を本書第5話に紹介します。

新農法の導入について、玉の先の論文『満州開拓と北海道農法』から引用します。

〝北海道農法の採用が決定されると同時に、極めて徹底した形で新農法が満州で展開されたのはなぜか。それは、既存の開拓団における営農問題の克服、増大する新たな開拓団の定着にとって農法の変革が不可欠なものだったからでしょう。そこである意味で北海道農法が、帝国主義的目的のゆえに顕在化した満州移民の矛盾を隠蔽(いんぺい)する役割を求められました。そして日本国内の食糧需給の逼迫(ひっぱく)によって、満州においても食糧増産が至上命令になっていたことです〟

このような情勢にあって、開拓団別に北海道農法の実施率を満拓が調査した結果を**表4**に示します。これは日本人開拓団の昭和16年と翌17年の実施率の推移です。これについて玉の書『総力戦体制下の満洲農業移民』を基に紹介します。

表4　北海道農法による農耕実施率(満拓公社調べ、単位:ha、%)

省名	昭和16年			昭和17年		
	総作付面積	新農法実施面積	比率	総作付面積	新農法実施面積	比率
浜江	15,809	5,850	37.0	17,678.6	12,319.4	60.7
牡丹江	6,346	2,507	39.5	8,412.0	4,745.1	56.4
三江	42,195	3,212	7.5	35,014.0	7,684.0	21.9
東安	19,687	3,022	15.4	23,117.7	10,832.6	46.9
北安	16,557	4,195	35.3	21,246.5	13,546.9	63.8
竜江	6,628	4,308	65.0	16,222.6	12,751.6	78.6
興安東	977	44	4.0	2,655.5	2,655.9	100.0
奉天	3,026	602	19.9	4,196.0	2,770.6	66.0
吉林	12,751	2,523	19.8	16,763.0	10,147.0	60.5
間島	1,260	358	28.4	2,247.5	1,379.0	61.3
黒河	215	—	0	389.6	349.0	89.5
錦州	—	—	0	1,390.1	1,225.1	88.1
計	125,450	26,621	21.2	149,332.2	80,416.1	53.9

出典:松野傳『満洲と北海道農法』北海道農会(昭和18年)
注:1)本調査は日本人内地人開拓民のみのもの
　2)原資料まま掲げたもので、面積の計の欄には差がある

〝全満のトータルでは昭和16年の21％から16年の54％へと増加していますが、これも地域的に見るとやはり入植が古く耕地面積も大きい三江省では8→22％、反対に17年以降に入植の始まった興亜東省、黒河省、錦州省では90→100％というのを両極端として、残りは60％前後となっています。もちろん、この数字がどれほどの内実を示すものであるかは、検討を要する問題です〟

そして松野は、全ての指導者は現在採用の北海道農法を中心として、いかにこれに改善・工夫を加えて、まさに大陸新農法を創成すべきという方向に一路まい進して頂きたいのであるとしています。

北海道農法導入について、『札幌同窓会の百年』（昭和62年刊）の須田政美の「満州農業と北大農学」を基に紹介します。

〝実証農家による展示は成功を収め、影響は一般開拓団の普及に目覚ましく、全満開拓地の約70％がプラウ耕法に変換しました。このように満州国の終期に、硬い土壌を破って発芽させたプラウ耕法、それを基とした畑作農法は、戦後の中国時代に息づいていると思われます。昭和35年以降、中国のトラクター生産は漸次増加して、人民公社を経て農業機械化も特に東北（満州）で進展を見せているようです。その過渡的段階で畜力プラウの使用がいささか前駆的役割を演じたように推察されます〟

全満への普及の隘路

これらに対し、北海道農法の普及上の問題点を指摘した京都大学の今井良一の書『満洲農業開拓民「東亜農業のショウウィンドウ」建設の結末』（平成30年1月刊）を基に紹介します。

〝満州開拓の成否を左右したのが北海道農法であったとした上で、先進的な北満の2つの開拓団が昭和15年から北海道農法を導入しましたが、農法は定着しませんでした。その原因を分析するとともに満州全土の開拓団に定着できなかったのは、①農具②役畜③技術普及員④研究機関―にあったとします。このうち、①農具について、北海道農具の配給状況を見ると、昭和17年当時、プラウ1万9270台、ハロー1万1320台、除草ハロー1万1090台、カルチベーター（畝間中耕除草機）1万6440台でした。同年までの満州農業開拓移民の入植実績が5万6998戸と見積もられているので、単純計算で、それぞれ30・1％、19・9％、19・5％、28・8％の配分率になります。しかし、これら全てが利用されたわけではありません。それは、農具の不良品が多かったこと。修理に時間がかかったことです②役畜についてては日本馬の数が少なく、19年末の満州国馬政局長が「馬の数が少ないということは各方面に非常な障害を及ぼし、恐らく現在の4ないし5倍なければ、本当に農耕なりあるいは小運送なりあるいは伐採なりに十分なる活躍をなし得ないのではないか」と語っています。③の技術普及員については、実験農家や指導農家が北海道から送出され17年前後に200戸になりますが、「将来無制限に本道より送出を余儀なくせらるることが見透さる」と、北海道側が危機感を募らせ、「今後本道からの移入に対しては厳乎たる規制の断行を要請するに至った」。こうなれば、当然、満州側では指導員が不足し、この不足が、農具の取り扱いや家畜飼養に支障を来しました。④の研究機関については、現地では農事試験場（10カ所）と開拓研究所（5カ所）が設置されていましたが、現地に合った試験研究がなされていませんでした〟

現地の試験研究について、須田政美の先の書『辺境農業の記録』から引用します。

【長く満鉄経営の歴史の中にあって、満州農業改良発展のために、少なからぬ業績を提示してきた。しかし、その性格は（府県農試の範疇（はんちゅう）を出ないであろうが）作物の品種改良に殆（ほとん）どの重心があり、施肥その他の栽培技術が相伴われる―労働対象たる作物試験そのものに限局されている感があり、労働手段や労働方式については、改良研究の課題としてとり上げられる部面は稀（まれ）であったと言える】

筆者（高尾）から見ると、現地農民と行政、試験研究機関の連携が不十分であったと言えます。各試験研究機関は、担当部門内に埋没して満州の営農の方向を明確に示すことができなかった。言い換れば試験研究機関が北海道農法の根幹をなす畜力プラウ耕の是非の論争に埋没していました。

そして元来、農業の近代化とは、人力から畜力、畜力から機械力へ移行し、各作業に合った農（機）具類が開発導入され達成するものです。満州で北海道農法が本格化するのは昭和16年からで、農具、役畜は不足し農業改良普及員など入植者への技術支援策が整うことなく終戦になり、わずか5年で終息しました。逆説的には、満州開拓に加え、北海道農法の導入も当初からその準備が不十分のまま進めた急ごしらえの政策であったと言えます。

第3話　植民政策論と北海道農法の是非論

1　植民政策論と満州開拓

満州開拓のため、満州国の行政府、試験研究機関、満拓などに多くの北海道人が進出し、そのほとんどは北海道農法を推進します。ここで満州開拓と関わる植民政策論の形成と、北海道農法の是非論者を紹介します。

北大卒者の満州進出

北大農学部卒の満州国政府機関への進出について、『札幌同窓会の百年』（昭和62年4月刊）の須田政美ほか2人の共同執筆による「満州農業と北大農学」から引用します。

【満州への札幌農学校と北大農学部同窓生進出は、後藤新平と新渡戸稲造が台湾での協力が機縁になったことである（筆者高尾注：2人は岩手県人）。それは、日露戦争後に南満州鉄道会社（満鉄）が誕生し、初代総裁に台湾総督府総務長官であった後藤新平が就任（明治三十九年）します。満鉄が農業移民を進めるため、農事試験場の設置を構想、その場長などの指導者を選定しようとした。そこで後藤は、台湾時代に製糖業に取り組もうとして札幌農学校二期生で東京帝国大学に留学していた新渡戸稲造に適任者の推薦を依頼。新渡戸が北大卒を推薦したのが北大と満蒙開拓とのかかわる端緒になります。満州建国当時、農学部卒はおよそ七十から八十名が在籍し、新渡戸が北大と調整して卒業生を満州国に推薦した】

また、この進出について共著書『岩波講座「帝国日本」の学知　第一巻「帝国」編成の系譜』（平成16年2月刊）から北大教授・井上勝生の「第一章　札幌農学校と植民学の誕生―佐藤昌介を中心に―」

を基に紹介します。

〝佐藤昌介（北大学長）の日記によれば、農商務省や在京の新渡戸などの人脈をたどった人事を、佐藤は「あっせん」と呼んでおり、佐藤の重要な業務の１つでした。そして、新渡戸が、札幌を離れていたのは明治31年。その後、台湾総督府に招かれ、糖業意見によって台湾統治の経済政策を立てる事業に参画、植民政策家として名声を上げます。その後も、新渡戸が、佐藤校長の植民関係の人事「あっせん」に積極的に協力し続けていたことは、現存する農学校の文書や書簡に記されています〟

さらに、加藤グループの橋本傳伝左衛門が研究者の植民地への進出について、共著書『岩波講座「帝国日本」の学知　第七巻　実学としての科学技術』（平成18年10月刊）から京都大学田中耕司・今井良一の「第三章　植民地経営と農業技術―台湾・南方・満州―」を引用しながら紹介します。

橋本は【台湾と満洲に進出することは、札幌出でなくては駄目だ。駒場出は手も足も出ないということを伝え知らされた。それなら朝鮮だというわけで、朝鮮を指向したものが少なくなかった】。台湾総督府に招へいされた新渡戸については【札幌閥の扶植にあずかって力があった】と述べ、【博士が台湾と関係していた数年間に、牢固たる札幌閥が全島に出来上がり】、後藤新平が満鉄に移ってからも【新渡戸博士はまた同社の顧問となり、南満の植民地的農業開発に関する仕事と地位とは全く札幌色にぬりつぶされた】と記しました。ここでの札幌出とは北大卒であり、駒場出とは東大卒のことです。

北大と満州との関わり

北大と満州との関わりについて、『北海道大学百二十五年史　通説編』（平成15年刊）から「第四章　戦中・戦後の北海道帝国大学」の「戦時体制下の大学」を基に紹介します。

〝満州国が建国された昭和7年に関東軍は「満蒙に於ける法制及び経済政策諮問会議」の産業部会委員

に農学部の上原轍三郎ほか2人が委員に名を連ねます。これが契機となって、上原や高岡熊雄らにより満蒙移民問題、農業問題に関する研究を進めました。8年には教官56人の呼びかけにより「北海道帝国大学満蒙研究会」を組織、講演会の開催や小冊子『満蒙研究資料』を刊行。後に誌名を変え活発に刊行しましたが、10年以降は停滞しました。

この学内の活動に加え、8年に日本学術振興会により、満州農業移民問題の研究を目的とする第二特別委員会が組織され、北大から高岡が委員に就任し、若い研究スタッフが全面的に協力しました。

その後12年、満州国は「農業政策審議委員会」を設置、委員に高岡が就任し政策立案に参画しました。15年に満州国立開拓研究所が設立され、北大から指導教官として現地に派遣しました。

そして、卒業生で満州方面に就職した者はかなりの数に上ります。建国の頃に農学部出身の在満者は70~80人と推定。その中に国務院総務長官の駒井徳三や関東軍交通監督部長（後に満鉄総裁）の大村卓一が含まれます。年10~20人の卒業生が海を渡りました〟

北大教官の満蒙開拓政策論

『満蒙事情総覧』（昭和7年刊）の満州移住に否定的といわれた北海道大学・上原轍三郎の寄稿「我国農業移民の可能性」から引用します。

【特に北海道の農民は過去に於て移住開墾の体験を有するもの多く、その成功を期する上に於て他府県人に比し確実性を有するものと考えらるゝ所である。但し北海道は今なお府県より国民の移住を奨励し極力その開発を計りつつある時なるを以てその住民をさらに満州に移す如きは北海道の拓殖政策に反するものとして非難するものあるべし。然れども人には各々異なりたる事情ありて北海道に移住することを以て適当とするものもあるべく、また北海道より更に他に移住することを以て適当とするものもある

べきを以て、北海道より移住者を出すも亦不可なしと信じる】

上原は、北海道に開墾経験者が多く満州開拓に向いているものの、北海道にまだ多くの開発適地が残されているので、開拓政策に反し、もし移住を希望しても、何ら拒むべきではない、と言い変えます。

新渡戸の植民政策論の形成

先の寄稿は内国植民地政策論によるもので、これについて、獨協大学・蝦名賢造の書『新渡戸稲造』（昭和61年刊）の「札幌農学校の学派の形成」を基に紹介します。

〝新渡戸が札幌農学校教授時代（明治24～30年）において研究した農政学・植民学の学問的分野は、新渡戸が札幌を去った後、そのまな弟子の高岡熊雄教授（明治41年就任）に受け継がれます。さらに北海道特有の北海道開拓事業に基づく内国植民政策論としては、上原轍三郎教授（昭和2年就任）、高倉新一郎教授（昭和21年就任）という系譜によって継承発展され、1つの優れた学問体系を形成しています。また、植民政策講座について、明治維新後わが国の高等教育機関において植民問題を講義したのは、佐藤昌介が明治19年に欧米留学から帰国し、翌年3月札幌農学校の規則を改正、初めて「植民学」という1科目を新設したのが、そのものの最初でした〟

ここで筆者（高尾）から新渡戸の動きを補足します。新渡戸は、台湾勤務後の明治37年に京都大学、39年に東京大学の法科教授として植民学と農政学を講義、両学のまな弟子に那須皓と橋本傳左衛門がいます。これに北大の植民学の孫弟子に当たる上原轍三郎を加えた3人が昭和7年1月の奉天での会議に出席し発言しています。これは満州国国務院（筆者高尾注：実質は関東軍）が主催した「満蒙政策諮問会議」で、統治部長になったばかりの先の駒井徳三が各界の権威者を招へいし会議を主導しました。

那須など3人の発言を『満洲開拓史』を引用して紹介します。那須は、【満州移民は可能であるとか不可能であるとか議論しておるべき問題ではなくて、これはむしろ一大国民運動として直ちに実行に移さなければならない】とし、橋本は【朝鮮における平康産業組合や不二農場の実例（第1話の朝鮮半島の開拓）をひいて、やり方によって満州移民は絶対可能である】とします。上原は【満州移民を実現するに当たっては北海道の屯田兵の実績を大いに参考にする必要があると各種の数字を上げられた】。

そして、この諮問会議の助言を得て、日満両国は試験（武装）移民を展開します。その後の昭和15年7月、那須と橋本は先と同じヤマトホテルの「日満農政研究会総会」において、北海道農法の導入に反対します。

2　北海道農法推進論者

北海道農法は、北海道の開拓期につくられたもので、満州への農法の移転を推進した北海道人を紹介します。

松野傳　満州で北海道農法を推進した第一人者です。松野は明治21年、青森県弘前市に生まれます。大正11年北海道大学農学部卒業後、北海道農事試験場入りし農機具を研究。昭和2年に中標津の根室支場長に就任し開拓地農業を研究指導、道内の農機具製作工場のプラウ比較審査会を開催し、また地元の開拓者の小田保太郎らと試作のプラウなどの実証試験を実施。7年に北海道庁殖民課に移り連続凶作を克服するため畑作から酪農に転換を図る「根釧原野農業開発計画」を作成。その後、中堅農業者養成の北海道立拓殖実習場の設置計画を作成し初代場長に就任、11年の場の行幸では御説明役を務めます。満州の在来農法と開拓方式に批判的でしたが、勧誘を受け12年渡満。奉天農業大学農学部長、翌年に満州国開拓総局技正に就任。大陸新農法の北海道農法を巡り加藤完治グループと激論を交わします。部下で北大出身の山田武彦、安田泰次郎、須田政美らと北海道農法の普及を推進し、また拓殖実習場の教員・

修了生を勧誘し招きます。戦後22年に岩手県立六原農場長兼農林省開拓研究所東北支所長、青森県副知事、東北女子短期大学学長に就任。32年逝去。著書は『満洲開拓と北海道農業』『満洲農業の黎明』『開拓農業とプラウ問題』のほか北海道立拓殖実習場の「場歌」や「根釧原野の歌」を作詞。松野の北海道立拓殖実習場の教育と、渡満した実習場教員と修了生の活躍を本書第4話に紹介します。

山田武彦　昭和5年北海道大学農学部農業経済学科を卒業。7年に拓務省入りし第1次弥栄村の移住者を引率し営農を指導。後に松野の下で経営係主任に就任し入植者の営農を指導。拓務省に戻り満州開拓計画を作成。昭和19年に海軍施政官としてシンガポールから阿波丸に乗船、連合国軍側が安全を保証していましたが、台湾海峡で米軍潜水艦の攻撃を受け沈没し逝去。これは阿波丸事件といわれていて、戦後アメリカに賠償を請求するも不調に終わります。

安田泰次郎　北海道大学農学部農業経済学科を卒業。北海道庁入りし殖民課技師に就任。松野の勧誘を受け満州国開拓総局入りし入植者の営農指導を統括。昭和14年7月、大学時代から研究し上梓していた『北海道移民政策史』を新京で16年11月に再版発行、本書は北海道開拓史研究の必読の名著。18年に過労からの呼吸器疾患により新京で逝去。

須田　政美
北海道開発問題調査会刊
（『根室新酪農への道』から転載）

須田政美　北海道余市町生まれ。樺太の中学校卒業後、昭和9年に北海道大学農学部農業経済学科卒業。樺太庁入りして移民指導員に就任。13年渡満し満拓経営部に移り北満の入植者の営農を指導。この間ノモンハン事件が発生し、補充兵として吉林の軍部隊入り。満拓に戻りチチハル地方事務所に異動。痩せた白い土壌の入植地に対し北海道農法と乳牛の導入による地力増進技術を普及。北安地方事務所に異動しましたが、出張先で終戦とソ連軍侵攻を知り、帰りの列車に乗り込むものの、豪雨により不通となり、徒歩で事務所に戻ります。17日に新京からの関東軍最後のラジオ放送を聞く。21日にソ連軍が北安市に侵攻、武装解除を受け捕虜になりますがすぐに釈放され集団で待機。北満からの開拓民の避難を進めるため列車で1人先発して新京の本社に到着。社員一同が南下の避難開拓民を救援し避難民会を結成し支援します。後に避難者全てを支援する長春日本人会を結成し勤務。退避により家族と離ればなれになりましたが、次女を失うものの合流。21年7月に札幌に引き揚げ。22年に松野のいた岩手県立六原農場に勤務し農業研究部門勤務を経て、26年から北海道農地開拓部入りし農地課長などに就任。根釧や天北地方の開拓を推進。中でも国の根釧パイロットファーム事業には満拓時代の人脈を生かし事業を推進します。

須田は多くの著書を残しています。勤務地の開拓を回顧した『辺境農業の記録』（昭和33年刊）、『私のサハリンの記』、『根室新酪農村までの道』があります。また、『札幌同窓会の百年』や満拓会発行の『引揚記録』や『拓殖実習場史』などに寄稿しています。これらの書から玉真之介が引用したのを先に記しましたが、これは玉が北大大学院時代に須田を取材し、多くの示唆を得たと記しています。筆者（高尾）も同様に須田と玉の書から多くを引用しました。

満州国の開拓政策について、先の書『辺境農業の記録』から引用します。

【昭和十三年十月から昭和二十一年七月末までが、私のいわば満州滞在期間となる。そのあいだに私たちは、この大陸における大規模な建設から崩壊の過程を目撃し経験した。一言で結果的にいえば、歴史的にみて音もなく崩れて行っている地盤の上に、むだな、はかない建設をつみ重ねていた満州国の姿であって、その中の日本人農業移民開拓の事業も、つまり空中楼閣の建設というナンセンスに終わったのである。空中楼閣の建設にあたった労務者は、もちろん運命的に悲惨な破局の結論を背わせていたので、日本人開拓民の終えんは、惨たる戦争犠牲の重要な側面となった】

なお、須田が樺太庁から満拓に移ったのは、山田武彦先輩と北大の上原轍三郎、中島九郎教授の尽力によるものであったとし、【赴く私を札幌で激励して送ってもらったのは、上原轍三郎教授（筆者高尾注：後に北海学園学長）と教室の矢島武兄（筆者高尾注：後に旭川大学学長）であった】としています。

小田保太郎　新潟県の佐渡に生まれ、中学校中退後、根室の標津村計根別（現中標津町）に入植。プラウによる開墾と馬耕技術を習得し入植者から賃耕作業を請負います。また農事試験場根室支場長の松野のプラウ耕の研究で親交を深めます。北海道農法の指導農家として渡満、皇帝溥儀が三江省の佳木斯に巡幸の折、プラウ耕起を実演。昭和19年、新京で逝去し子息が跡を継ぎ、戦後引き揚げます。

3　北海道農法否定論者

北海道農法を否定したのは主に加藤グループで、渡満した人たちを紹介します。

山崎芳雄　福岡県に生まれ、大正3年北海道大学農学実科（筆者高尾注：専門学校相当）修了後、満鉄の熊岳城（ゆうがくじょう）農事試験場に勤務し、後に朝鮮の大邱農林学校教頭、安東農学校校長に就任。その後、若者たちを募集し朝鮮の江原道鉄原々に集団入植していました。そこに加藤グループで関東軍の東宮鉄男と拓務省の中村孝二郎から勧誘を受け、第1次武装移民で満州開拓発祥地の弥栄村開拓団長に就任し開拓民を指導、同場に設立の訓練所の課長を兼務。ソ連軍の侵攻により開拓団とともに逃避する途次で死亡。その経過を『満洲開拓史』から引用します。

【八月十二日、山崎は侵攻を知り、出張先のハルピンから弥栄駅に戻り開拓団と合流。引率の団は十三日に佳木斯に到着。十六日綏化に移動し飛行場車庫に弥栄村民約千八百名ほか千名と集団生活に入り百四十八名が病死。二十日に山崎は先発してハルピンに向かいますが、二十二日にそこでソ連軍の武装解除と山崎は日本人会農民部長に就任し避難民を支援。九月十五日に許可があり南下を開始するも十七日に列車内でソ連兵満人の略奪にあう。十九日に新京駅着、二十四日に略奪にあうが大連に到着。二十一年五月、山崎は発疹チフスに罹患（りかん）し五月に逝去。団は十二月八日に佐世保に帰国。

この間、死亡者は四百六十四名（綏化で百四十八、輸送中九十四、大連二百二十二）、孤児五十三人でした。同史の別の欄には団の在籍者千二百九十四名で、死亡者三百二十七名、未引揚者四十六名、帰還者九百二十一名】

なお、山崎の遺骨は、先に逝去の令室と同じ新京の墓に埋葬。そこは同志である関東軍の東宮鉄男の墓の脇で、山崎の望みの満州の土になりました。

宗光彦宗　佐賀県に生まれ、東京大学農学実科（筆者高尾注：専門学校相当）修了。大正2年に満鉄入りし公主嶺農事試験場で満州在来農法を研究。昭和4年に試験場内の農業学校校長に就任し中国人を教えていましたが、加藤完治の意見を受け対象を日本人とします。満州事変後、加藤の奉天省庁への働きかけにより、茨城県友部と同じ塾風教育の北大営国民高等学校が創設され校長に就任し生徒を入植地に送り出します。7年1月に満蒙協議会に参加し、加藤、石黒、那須、橋本、宗らとともに満州移民案を作成し、拓務省などに国策にするよう働きかけます。8年に先の北大営の生徒が加わる第2次武装移民の千振開拓団を結成し団長に就任。14年に開拓総局に移り参事。18年に満拓理事。終戦時はハルピン収容所で先の山崎とともに避難民を支援。引き揚げて後に公職追放になり、やむなく千振開拓団を再結成し栃木県那須に入植。53年に逝去。

宗は、加藤完治に対し武装集団に襲われ死亡した際の補償を明らかにするよう要求。また開拓団団長当時、内紛と匪賊（ひぞく）の襲撃に遭遇しますが治めます。関東軍参謀の石原莞爾は、宗が満州開拓、現地の最大の功労者と称しています。

貝沼洋二　明治38年東京に生まれ、父の赴任先の朝鮮の京城中学に入学。昭和5年に北海道大学農学科卒業、朝鮮の開拓会社に入社。９年に拓務省に移りますが、加藤完治の朝鮮での国民高等学校修了生の開拓の成功を見て加藤に傾倒。10年に渡満し第４次武装移民の東安省哈達河(はたほ)開拓団長に就任。北海道農法を否定しましたが、団に北海道実験農家を受け入れます。ソ連軍侵攻により逃避の途中、麻山で追い詰められ、貝沼団長以下４５０余人が集団自決します。これは麻山事件といわれていて、本書第６話に詳しく紹介します。

笛田道雄　北海道八雲村に生まれ、農業に従事。昭和10年に渡満し貝沼団長の哈達河開拓団に入ります。後に麻山事件に遭遇しますが、ここでは北海道農法との関わりを紹介します。笛田は北海道農法を実践しますが、高畝の在来農法に比べ地温が1～1・5℃低く、湿害を受け収量が低いため5カ年経過して満州在来農法に戻ります。この前年、満拓の松野が訪れ、貝沼開拓団長を交え農法について懇談しますが、笛田は北海道からの馬と農機具は当地の風土に合わないと主張しました。貝沼は松野と同じ北大卒で困り顔になりますが、笛田が満拓から北海道農法の実践者として委嘱を受けていたため、なおさらの感を持っていました。また、笛田の利益追求の営農に対する評論家の批判に「農業も企業として認められている以上、その経営利潤を追求して然るべきはずだし、労働力を適正な金銭に置き換える行為は何ら逸脱した行為ではない」と反論、北海道で培った農業者として真骨頂がうかがえます。

笛田は麻山事件に遭遇しましたが、転戦のため難を逃れます。笛田の経歴や開拓団の逃避などについては、本書第６話の麻山事件に紹介します。

第4話　農学校の塾風教育と満州開拓

渡満した青少年の多くは農学校で塾風教育を受け入植しました。この塾風教育の生い立ちからその実態と顛末、満州と戦後北海道の開拓との関わりを紹介します。

1　加藤完治の塾風教育と北海道

わが国の塾風教育の始まりと加藤完治

日本の農学校の塾風教育について、元農林省技術総括審議官・山極榮治の書『日本の農業普及事業の軌跡と展望』（平成16年6月刊）を基に紹介します。

〝塾風教育は明治33年頃、デンマーク国から入ります。塾風教育とは農村の中堅人物、特に実践的農民を養成するための、農業実習を中心とする教育訓練方式で、それは「師弟同行」「全寮制」「実践教育」を3本柱としていました。

デンマークは19世紀に入り隣国との戦争により領土を失い、敗戦の荒廃から立ち上がらせるに当たり国民高等学校が大きな役割を果たしていました。この文献がわが国に入り翻訳され世に出ます。当時、日露戦争により農村の疲弊が甚だしい中で、44年に内村鑑三はこれがテーマの『デンマルク国の話』を出版。大正4年に内村の高弟が、農民が共同生活によって自治と共同の精神を養うため、全寮制の山形県自治講習所を設置、所長に愛知県立農林学校（筆者高尾注：校長・山崎延吉）の異色の教師であった加藤完治を招きました。

加藤は①全寮制の師弟同行②みそぎによる心身の潔斎③武道による気力の鍛錬―など、いわゆる農民魂の錬成に重点を置いていました。加藤は山形時代にデンマークに視察に出かけ、国民高等学校教育を研究し、このような教育は官立より私立の方が良いと考えます。この考えに賛同した井上準之助（筆者高尾注：血盟団により暗殺）、石黒忠篤、那須皓、山崎延吉、橋本傳左衛門、小平権一らが私立学校設立の発起人に名を連ね、この同志的グループが加藤グループもしくはその設置場所から内原グループと称し活動。昭和２年に茨城県の常磐線内原に日本国民高等学校を設立します。加藤グループは政府に満州の農業移民を働きかけ、実現。「満州農業移民百万戸移住計画」が国策となり、13年３月に国民高等学校の隣に満蒙開拓青少年義勇軍訓練所が設置され内原訓練所と呼称、所長は加藤完治が兼任。また満州国の奉天市北大営に成年入植者が対象の国民高等学校（筆者高尾注：校長・宗光彦）を設置しました〟

筆者（高尾）から補足します。内原の訓練生は渡満し国の義勇軍大訓練所などにおいて３カ年、内原同様の塾風教育を施しました。また、拓務省の府県の満州移民訓練所も塾風教育を施し、開拓団を結成し渡満し入植します。このように国が設置した官立の訓練所においても塾風教育が行われていました。

北海道の塾風教育

北海道でもデンマークの塾風教育がモデルの農学校が次々と設置されます。この中で修了生が渡満した学園を設置年次順に紹介します。昭和６年設置の八紘学園、７年の北海道庁立拓殖実習場、８年の北海道酪農義塾の３つです。加えて、９年に塾風教育に移行した北海道庁立十勝農業学校を紹介します。

各校は設置目的が異なりますが、その綱領は時代を反映し、国への奉仕や実習教育に重点を置くとしています。ここでは北海道と内原訓練所との違いについて、先の山極の書『日本の農業普及事業の軌跡と展望』を基に紹介します。

〝内原が身体を鍛練し勤労精神を養成するのに対し、北海道では家畜・農機具などの活用に向けた科学的精神を養成することとしました。それは府県が零細小農民の自給的農民が多く、生活の向上には唯一の資本である勤労に頼るほかはなく、勤労精神の養成が農民育成の要となっていたからです。そして、デンマークで塾風教育を提唱したのは牧師のクルンドヴィで、彼は敗戦により疲弊した国土から青年を立ち上がらせます。彼はイギリスを訪れ、生気はつらつたる国民の生活の根底に個人の権利の尊重と自由の念が浸透していることを見いだし、この塾風教育の運動を考案しました〟

北海道の塾風教育について、筆者（高尾）ほかが共著の『北の大地に挑む農業教育の軌跡』（平成25年刊）を基に紹介します。

〝北海道は明治の開拓使設置以来、都府県からの入植者が馬力による大きな規模の経営を目指し開拓を進めました。大正3年からの第1次世界大戦により、でん粉や豆類などの農産物市況が活況を呈し、それに連れ開拓は進展。しかし、8年からの戦後はその反動により農産物価格は低迷し、それまでの無肥料の地力略奪農業により収量は低下し農家経済は困窮、農業を再編し転換する必要がありました。

このため、農業団体が大正13年2月、札幌で「丁抹（デンマーク）農業講演会」を開催します。演者はデンマークに出向き調査研究していた北海道庁職員、渡航し農場に長期滞在した酪農家、来道していたデンマーク人の実験農場主でした。講演の中に農業の発展には人づくりが重要で、デンマークでは塾風教育により農業者を養成しているとの報告がありました。出席した宮尾道庁長官は「デンマークを以て北海道の範となす」と表明。このデンマークの塾風教育は次第に広まり、農学校が次々と誕生しました〟

2　八紘学園の満州開拓

学園の生い立ち

八紘学園について、主に『八紘学園七十年史』（平成14年刊）と栗林元二郎の書『斉藤子爵　学院　私』（昭和11年刊）を基に紹介します。

〝八紘学園の始祖校は日本植民学校でした。創設時、農村は慢性的不況を呈し、これに対し北海道庁内務部長の服部教一が、南米への農業移民を進めようと考え、希望者を教育するため大正14年にこの学校を札幌市内に設立しました。当時「移民を受け入れるべき北海道が、移民を出すなんて」との批判はありましたが、入学希望者は多くなります。昭和2年に「海外移住法」が制定され南米移住は国策になります。翌3年に同法に基づき北海道移住組合ができ、組合が扱った移民は318人に達し、南米移住のブームが起きます。

この後、服部は国会議員に転出し、後を引き継いだのが同校教員で秋田県出身の栗林元二郎でした。栗林はこれまでのポルトガル語、スペイン語など語学に偏重した教育では、渡航入植し挫折すると恐れ、自身の経験から　開墾と農業実習に重点を置く教育とし、6年に校名を八紘学園に変えます。この八紘とは八方に拓（ひら）くの意で、開拓のことを指します。

8年に北大元学長の佐藤昌介を園長に迎えました。ところが、実習にふさわしい広い土地はなく、その購入資金調達に苦慮していました。このため栗林は同じ東北の岩手県出身で後に総理大臣になる海軍旧軍人の斉藤実に面会を求めます。たびたび訪問しお国なまりで抱負を語りかけたところ銀行貸付けの紹介を受け、豊平町月寒（札幌市豊平区）の用地を購入することになりました。

施設が整い学園は財団法人を設立し総裁に斉藤実が就任。

着席の斉藤実子爵と栗林元二郎
（『斉藤子爵　学院　私』から転載）

政界、財界、学界、軍部とのつながりができました。学園は全寮制の2カ年、農業科目は実習を主体とし、教科に「修身」「植民」の科目があり、教育方式は加藤完治の塾風教育に近いといわれています。生徒は全国から入園し学費・食費などを徴収したためエリートの学園といわれました〟

学園創設者の栗林元二郎の履歴を見ます。栗林は明治29年に秋田県雄勝郡に生まれます。23歳の時、開拓団長となり北海道河西郡芽室町に入植し、短期間に開墾に成功し北海道庁長官から表彰されます。大正15年に先の日本植民学校の教員になり八紘学園を創設。昭和6年に学園理事長・農場長に就任し修了生を南米に送出します。

栗林記念館横の栗林の胸像と馬像
(札幌市豊平区)

南米移住から満州開拓へ

八紘学園が目指した南米移住のうち、希望が最も多かったブラジル国は、日本人移民を制限し始めました。そこで栗林は満州に目を向けます。しかし頼りの斉藤は二・二六事件の凶弾に倒れ、栗林は落胆しますが、次の広田内閣は「満州農業移民百万戸移住計画」を国策にします。栗林は新たに中国語や満語を教科に取り入れます。また、栗林は拓務省など各省と軍の嘱託を受け、将官待遇を受け北海道と満州を往来、北海道農法の技術移転に向け動き出します。そこで「満州八紘村」と「新京酪農株式会社」を設立し修了生を幹部として送出します。

「満州八紘村」は昭和14年にハルピンの近くの浜江省阿城県五泉村に入植、村の広さは8㎞×10㎞と広大でした。開拓団長は満拓職員で現地を案内してくれた八紘学園1期生の大友春三にします。16年まで105戸が入植、ホルスタイン牛190頭と馬5555頭のほか豚を飼養。また、ミルクプラントなどの生乳処理施設をつくります。畑作物はプラウ耕による北海道農法を導入し、作物は順調に生育、開拓村が形づくられます。18年に関東軍の要請を受け本格的な馬産開拓団に移行、優良雌馬を導入しますが、これは軍馬が不足しだした軍からの要請によるものです。

20年のソ連軍の侵攻により苦難に陥りますが、これまで現地人との融和に努めていたのが救いとなり収容所に避難することができました。それでも収容所の1年間で、病気と栄養失調により１４２人が死亡します。『満洲開拓史』には、死亡１０５人、未引き揚げ者30人、帰還者４５９人と記しています。

一方、「新京酪農株式会社」は、乳幼児死亡率の高い首都新京市の要請を受け郊外に牧場と製酪工場を整備。乳牛は５００頭ほどを飼養し、乳製品の生産に習熟した学園修了生が会社幹部になり、乳製品を市民に販売していましたが、終戦になり引き揚げてきます。

学園の戦後の苦闘

戦後も学園は苦難が続きます。栗林は教職追放を受け、またＧＨＱ（連合国軍最高司令官総司令部）の要請により校名は月寒学院に変更し、園地の山林は米軍に接収されます。そして既耕地は農地改革により国に買収されます。加えて帰国の満州開拓団への支援が必要になります。さらに南米移住は、国交断絶により途絶えていて、入園生は定員に満たない年が続きます。25年と28年には学園生の長期のストライキが発生し、これらを乗り切るため園地の切り売りや国の開墾工事を請け負うなどして財政を立て直します。29年から入園資格を新制高校卒に変更し、実習から教学に重点を移し教師を充実。塾風教育は徐々に緩やかにします。

27年に南米諸国との国交が回復し、移民の再開により学園の存在意義が高まり、道内外から入園希望者が増えます。財政再建が進み新校舎を整備、51年に専修学校に移行し、校名は八紘学園北海道農業専門学校と改称します。

学園が創設されて90余年を過ぎますが、多くの農業人を国内外に輩出。栗林は戦後の教職追放解除を受け理事長に復し、北海道開発審議会委員のほか北海道海外移住家族会や北海道海外移住協会などの役員になります。晩年、夫妻は修了生の南米移住地訪問の旅に出ます。このように栗林は終生、国際農業人として活躍、52年に病没します。

ここで、満州で活躍した修了生の戦後を見ます。満州八紘村から引き揚げ、故郷に戻る団員が多かったが、八紘学園に身を寄せた人達は、新たな開拓地を求め、静内町（現新ひだか町）、十勝の更別村、清水町に入植します。

八紘学園北海道農業専門学校の校舎

静内の戦後開拓入植の顛末

この開拓を指導したのがかつての開拓団長の大友春三です。中でも静内町への入植は立地条件が不利な中で開拓を展開します。その顛末を『静内町史　上巻』（平成8年刊）を基に紹介します。

〝静内町は、開拓団の入植に当たり奥地開発委員会を設置して、いくつかの緊急開拓事業地区を選定。その1つの高見地区に22年春に30戸48人が入植します。高見地区は市街地から40㎞ほど奥の日高山脈の中にあり、標高は２００ｍほどと高く、地形は盆地状を呈していました。３００haほど開墾に成功し小麦、イナキビ、豆類、馬鈴しょなどを栽培。25年に販売作物のハッカ栽培に成功し、共同で蒸留釜を設置し蒸留油を産出、経済の柱とします。

営農に成功したかに見えましたが、経済高度成長が始まる35年頃から、市街地には遠く、道路が劣悪なこともあり離農が相次ぎます。ついに入植以来17年後の39年、全戸離農に踏み切り、入植者は町内外に転出します。その後、電力用高見ダムの建設により開拓地が水没することを知ります。54年に静内町の協力を得て、入植者が資金を供出して「高見開拓記念碑」をダム湖脇に建立。しかし、この碑へのアクセス道は、国の道路建設工事の停止により封鎖され、現在立ち入ることができません〟

3　北海道庁立拓殖実習場の満州開拓

実習場の生い立ち

北海道庁立拓殖実習場について、主に『高き希望は星にかけ―北海道立拓殖実習場史―』（昭和62年10月刊）を基に紹介します。

〝北海道庁立拓殖実習場（戦後、道立に改称）は、先の松野傳が設置計画を立て、昭和7年12月に開場します。この年は北海道第二期拓殖計画（20カ年計画、略称：二期計）の5年目に当たりますが、当時の道内の開拓移住者は減少傾向にありました。一方、残された開拓可能地50万町歩は道東、道北に偏在し、気候条件から乳用牛の導入を進めるため入植希望者に対し開墾と畜産の実習訓練を1年間施す拓殖実習場を設置することにしました。

昭和7年に本場の十勝拓殖実習場を大樹村に開設し、松野が初代場長に就任。17年までに置戸町、弟子屈町、豊富町、中標津町に順次設置し5場体制にします。実習生の資格は17～30歳が対象で、全国から募集し、生徒にひと月当たり5円の手当を支給。総定員は３３０人で、自主独立の中堅農業者を養成するため全寮制のデンマークの塾風教育としました〟

これについて松野の書『拓殖実習場おいたちの記』（昭和30年刊）を引用します。

【当時は農村不況で、小作争議が頻発、府県移民の素質は低下しているので、移民成績は甚だ芳しくなく、毎年救済々々で道庁はホトホト手を焼いていた。農村疲弊を救う対策の一環として、農村教育についても再検討されるに至り、丁抹農業の示唆もあり、勤労主義的技術修練が漸く再認識され、塾風教育の勃興の機運も出て来ていたのである。私は教育の方面は全くの素人であり、当時既に加藤完治氏が内原の国民高等学校の所謂精神主義の塾風教育も勃興する気配にあった。しかし、私は誰にも相談することなく実習場の綱領を定め、それは五項からなるが、第一項は、我ラハ建国ノ大精神ヲ体シ時代ニ醒メタル開拓者タランコトヲ期ス、とした。私は元来自由主義者であって、時代迎合者ではない。実習は日出より日没までとし、晴耕雨読をたて前とした。開場に当たり耕馬を帯広で購入したが、実習生二十名が大樹まで乗馬により輸送（筆者高尾注：約40㎞）、先頭には後に満州の実験農家となる標津の小田保太郎がつとめた。開場して翌年の八年に、大日本青年団理事長の

松野が初代場長の北海道農事試験場根室支場庁舎。建設時は原野の中にそびえ立ち、道東初の鉄筋コンクリート造の建物。現在は伝成館として中標津町が保存し活用

十勝拓殖実習場跡地の晴耕雨読の碑
（大樹町）

昭和天皇の行幸。右は御説明の松野場長
（『北海道拓殖実習場十勝実習場並拓北部落記念録』から転載）

田澤義輔先生（筆者高尾注：教育者、貴族院議員）が来訪、和気アイアイと働きながら学び、且つ遊び、夕食後は土俵で職員も実習生も共に相撲をとっているのを泊まりがけでみます。田澤は非常に感心して、この自由な空気は日本一であって、あの加藤完治氏辺りの神がかりの風は決して真似ぬようとの進言があった】

デンマークの自由な気風の塾風教育としたこと、また松野と小田との関わりの深いことがうかがえます。

11年9月30日、天皇陛下は陸軍特別大演習の帰路、庁立十勝農業学校から十勝拓殖実習場に行幸。松野は、修了生が集団入植した大樹村拓北部落の開拓の状況と実習場の施設、天覧のプラウ耕実習を御説明します。この後、松野は渡満し満拓に移り、場の教員と修了生に渡満を勧誘します。

天覧の馬２頭引きプラウ耕起
（『北海道拓殖実習場十勝実習場並拓北部落記念録』から転載）

渡満した実習場教員と修了生

松野の勧誘により渡満したのは、教員８人と修了生30人ほどで、うち樋口幸美と横内友之の２人の教員の顛末を紹介します。

樋口幸美　昭和８年に北海道大学農学科を卒業。釧路拓殖実習場長に就任していましたが、松野から渡満を勧誘されます。これを聞きつけた北海道庁課長が急きょ、弟子屈に来て「何とぞ、ここにとどまってほしい」と説得されますが、14年３月に渡満。ハルピンの満州国立中央農事訓練所農場主任に就任。後に指導員訓練所に勤務します。戦後引き揚げて北海道職員になり、農地開拓部門で活躍します。

横内友之　紆余（うよ）曲折を経て渡満します。横内は北海道の深川に生まれ、宇都宮高等農林学校を卒業して故郷に戻り農業の傍ら私塾をつくり青年たちを教育していました。デンマークで1年間の酪農実習を終え帰国。松野の誘い受け、昭和7年に十勝実習場教員になります。そこに視察に来た先の日本青年団理事長・田澤の割愛要請を受け、日本青年館に転職します。千葉の青年団幹部養成の修練場の教師になり、田澤の自由主義教育を実践していました。14年に松野の勧誘を受け渡満、奉天省に勤務しますが、戦後は千葉に戻り復職します。

この2人のほか多くの修了生が渡満し、開墾用プラウや再墾用プラウ、ハロー、カルチベーターなどの農機具使用技術の指導者、もしくは入植し農業を営みます。

戦後の実習場と根釧パイロットファーム事業

戦後においても実習場の晴耕雨読の方針は変わることがありませんでした。戦後の食糧難を克服するため開拓入植希望者や復員軍人が入場し、場の重要性が増します。しかし、火災で焼失した場や生徒のストライキが発生し、次第に入場希望者は減少し、5場から大樹と弟子屈の2場体制になります。昭和35年にその2場は廃止になり、教育訓練を終えます。廃止まで4400人余りの修了生を輩出、全道各地に集団入植し開拓集落をつくり、また農業技術者として自治体、農協などに勤務します。

特筆するのは、昭和31年に根釧パイロットファーム事業地区への入植予定者70人が、釧路拓殖実習場で45日間の短期研修を実施。終了時に研修生の皆が、根釧パイロットファーム開拓農業協同組合を設立し、事業地区に集団入植します。

このパイロットファーム事業は国家プロジェクトとして進めようとしましたが、国は戦後の財政難のため世界銀行から借款を得て、昭和30年に事業着手します。計画入植戸数は先の実習生を含め450戸余りで、広い入植地に道路、排水路などの基幹施設は北海道開発局釧路開発建設部が、大型トラクターによる機械開墾は国の特殊法人の農地開発機械公団が、営農指導は北海道釧路支庁がそれぞれ分掌。現地にこの３つの出先機関が１つの庁舎に入り、連携調整を図り事業を円滑に実施します。

職員に、渡満した元拓殖実習場教員がいます。この事業地区への入植者の選考を担当したのが、北海道経営課長であった樋口幸美で、事業地区の営農計画の作成などを担当し、農林省や大蔵省を何度も行き来し入植者を選考し事業を進めます。このほか、拓殖実習場の職員ではありませんが、満州から引き揚げて北海道職員としてこの事業に関わるのが中條猛です。中條は北大を卒業後、満拓に入り土地管理業務を担当、牡丹江地方事務所、新京の本社に勤務。ソ連軍の侵攻に須田政美らと共に南下して開拓避難民を救援します。戦後は北海道経営課長になりこの事業を担当。後に釧路支庁長を経て公団の北海道支所長になり工事を指揮監督します。退職後は、根釧パイロットファームと同じ世界銀行借款の篠津地域泥炭地開発事業により造成の施設管理団体の篠津中央土地改良区理事長に就任します。

この公団北海道支所長の中條の後任になったのが須田政美で、昭和38年から5年間在任します。そしてパイロットファーム事業が終了して後の昭和48年、今度は国の特別会計で約１０００億円規模の「根室区域新酪農村建設事業」が着工します。須田はこれまでの関わりを振り返り、根釧原野開発史との思いから『根室新酪農村までの道』（昭和57年7月刊）を著します。

このように満州から引き揚げた技術者たちは、国家プロジェクトの推進に寄与しました。

4　酪農学園の満州開拓

黒澤酉蔵が酪農学園を創設

酪農学園について、主に『酪農学園史　二』（平成15年刊）と青山永の書『黒澤酉蔵』（昭和36年刊）

を基に紹介します。

〝酪農学園は、黒澤酉蔵の提唱により北海道酪農義塾（以下、義塾）が創立されました。後に酪農学園になりますが、黒澤はデンマークの塾風教育を取り入れ、修了生は北海道内に就農し、一部を満州に送出しました。

黒澤の履歴と義塾創設の経緯を紹介します。

黒澤は明治18年に茨城県久慈郡に生まれます。生家は中農でしたが、父が大酒飲みのため没落、母が働き生計を立てていました。尋常小学校を終え、上京して働きながら学んでいたところ、栃木県の足尾銅山鉱毒事件を知り、反対運動のリーダーの田中正造（筆者高尾注：国会議員）に会い感銘を受け運動に加わります。谷中村などの現地の被害水田や農家を見聞し、ここで得た「健土健民」を生涯の理念にします。農家を訪問していたところ警察に逮捕。拘留中にキリスト教徒から差し入れの聖書を読み、これを生涯の行動規範とします。保釈された黒澤は、田中の支援を受け東京の京北中学校を卒業。家族を連れ札幌に来ます。この時、日本酪農の父といわれていた宇都宮仙太郎に出会い、健土健民が実践できる牛を飼い始め、市乳販売をし酪農は成功します。この後、酪農の発展のため実業界、教育界、政界に進出。実業界では、大正14年にデンマークが模範の農民資本の乳製品工場、北海道製酪販売組合聯合会（以下、酪聯。後の雪印乳業）を設立。翌年に北海道内の産業組合（筆者高尾注：現在の農協）の運営を指導する産業組合中央会北海道支会長に就任。教育界では酪農の発展に人づくりが不可欠と主張して、北海道酪農義塾の創設に動き出します。

そのきっかけになったのは、昭和8年に札幌で開催された「デンマーク会」で、黒澤が義塾の設立を

北極星を指す黒澤酉蔵像
（酪農学園大学内）

提案し、出席の北海道庁長官や酪聯や農業界の代表から賛同を得ます。当初は、全道各地で青年を集め1カ月の講習会の開催でしたが、翌年2月から1年制とし、全道農村部の市町村長の推薦を受け選考した80人の青少年を入塾させます。黒澤は、自身の体験から、酪農の知識と技術は実習から得るとし、デンマークの塾風教育による人間教育に大きなウエートを置きます。

黒澤は義塾を少数精鋭、全寮制、実学の3点をモットーとし、最初の3カ月の酪農科は精神教育と基礎学習、次の6カ月の製酪科は農場と工場での実習により体力強化と技術の習得、残りの3カ月の補習科はこれまでの教育を反復、補習することにしました。創立された義塾の教師に後に渡満する出納陽一を迎えます。

出納は大正5年に札幌農学校畜産科を卒業。東京で就職しましたが札幌に戻り宇都宮仙太郎の息女と結婚。夫婦は大正10年から3年間、デンマークの農場に入り、乳牛飼養管理、製酪技術、生活を学びました。帰国後の大正13年に札幌での丁抹農業講演会の演者になります。昭和8年開設の義塾の教員に就任。16年に渡満し満拓参与に就任し、満州国の乳牛300万頭飼養構想を立てます〟

出納のことを須田政美ら部下は元老と言い、また渡満の義塾修了生は、その人柄から神様と呼んでいます。満拓時代の出納を義塾修了者が回顧した『出納陽一氏の面影』（平成9年5月刊）から引用します。

【出納と一緒に、北満の札蘭屯街（じゃらんとんがい）に白系ロシア人を訪ねた時のことです。通訳を通しロシア人が話すには「日本人開拓団は幸福である。資金も土地も資材も全部政府の提供をうけてやるのだから羨ましいことだ」と言っていた。彼らには土地がなく、軍の演習地に放牧し冬期の飼料は野草を乾燥して辛うじてやっているとこぼしていた。しかし、二人はこの地域は主畜経営でなければ絶対成り立たないとの意見で一致、固い握手を交した】と記していて、出納の国際農業人としての逸話と言えます。なお、このロシア人は、革命で満州に亡命した白系ロシア人とみられ、北満には亡命軍が一個師団あり、その演習地の中の野草を利用したとみられます。

黒澤酉蔵の満州開拓と酪農団の送り出し

黒澤は満州開拓と深く関わります。昭和3年頃、黒澤らが創立した酪聯はバターの在庫が大量に発生し、黒澤は販路拡大のため中国大陸に出張します。その時の見聞から、満州に北海道農法を導入し、酪農を振興するべきと考えます。

衆議院議員になっていた黒澤は、17年の国会において、満州の営農指導方針を痛烈に批判し、農業の確立に関し4つの改善点を開陳します。①北満の水で南満の乾燥地をかんがいすること②リージャン農法を改め深耕輪作農法を行うこと③青少年義勇軍の訓練内容、組織を改善すること④食生活を改善すること。これに対し議会の「農村議員会」や農商大臣を辞していた加藤グループの石黒忠篤から関心が寄せられます。

石黒は江別の農場に来て、牧草地のプラウ馬耕から播種に至る更新作業を見て、想定を超えていると驚きます。この頃から戦局が悪化しだし、黒澤は戦火の中でこそ、天皇、国民、国土が一体化した「皇道農業」をと力説、満州開拓に乗り出すことになります。

昭和19年になり、酪聯から名称を変えた北海道興農公社と満拓の両社が出資した合資会社「満州酪農株式会社」を設立し、酪農と製酪を目的とする開拓団の「満州酪農団」を送り出します。

開拓団員は北海道興農公社の北海道内のネットワークを生かし選出した17戸で、終戦の年の20年4月にその家族98人が渡満します。ハルピンの北の北安省通化県薩留図（カルト）に入植。団長は興農公社八雲出張所長の平松慶三郎で、八雲の若者も加わります。

入満して農場建設に取りかかったものの、ソ連軍の侵攻により乳製品工場と酪農村の完成は夢と終わり、持ち込んだ乳牛、農機具は満人に奪われ、団員の逃避行が始まります。逃避途次、多くの犠牲者を出し新京の収容所に到着。満拓の須田政美らの支援を受けますが、東奔西走していた団長の平松は発疹チフスに罹患し死亡します。

『満洲開拓史』には、「満州酪農団」は在籍者１００人、死亡12人、未引き揚げ24人、帰還64人で、越冬地は奉天市、としています。

戦後の酪農団、北海道酪農義塾、出納陽一、黒澤酉蔵

酪農団の一部は、平松団長の遺志を継いで、日高の門別町（現在・新ひだか町）に入植します。リーダーとなったのは八雲町出身の酪農家の都築秋彦で、昭和14年に渡満しハルピンの実験農場場長でした。都築は22年に17戸と共に入植。馬耕隊を結成し開墾に取りかかりますが、この地は粗粒火山灰地で、地味は悪いため乳牛を導入し堆肥を投入した結果、営農は安定します。逐次、入植者が増え40年には31戸になり、開拓は成功。平松団長をしのび、この地は平松開拓地と呼ばれます。

北海道酪農義塾は、戦中の昭和17年に3年制の甲種農学校の野幌機農学校に変え、校舎を札幌から江別町（市）に移転します。教育方針は塾風教育の教師が農場長として寝食を共にする師弟同行の実学に重点を置き、黒澤は「兵農一致・皇道農業」の精神を強調します。

戦後になり理事会は、教育指導理念をキリスト教の聖書に置くと決定します。23年の学制改革を機に野幌機農高等学校に変更。

酪農学園大学本部

しかし、25年に学校改革を訴え生徒のストライキが発生。翌年に黒澤は退任し、また実習中心から座学を増やし均衡を図ります。さらに通信教育など多様な学科を新設し、後に短期大学部を設置。29年にまたもストライキが発生し学園存立の危機に立たされ、全寮制を取りやめるなど塾風教育を緩めます。34年に4年制の酪農学園大学を新設。50年に大学院を設置。実習地の寄付などにより、校地は国内私学屈指の広さになります。

なお、野幌機農学校は数度校名を変え、現在のとわの森三愛高校に変更。このように学園は、黒澤の農業教育への情熱を原動力とし、北海道の農業界と酪聯から変わった雪印乳業㈱の支援を受け発展、黒澤の足尾鉱毒事件で得た「健土健民」を学園の建学精神とします。

黒澤の戦後を見ます。黒澤は、大政翼賛会の国会議員であったため公職追放になります。追放解除になり政界に復帰しますが、後に勇退を宣言。酪農学園を運営しつつ、公職として昭和29年から北海道開発審議会会長に就任し16年間務めます。時代は高度経済成長期に入ろうとしていて、北海道は根釧原野と篠津泥炭地の開発が最大の課題でした。黒澤はこれまで培った政界、特に満州で現地の開拓団を共に視察し、戦後総理大臣になった岸信介とのつながりを生かすなどして、2つの国家プロジェクトの実現に向け、農林省や北海道開発庁と北海道の調整を図り、世界銀行の借款に成功、事業化に尽力します。

酪農学園大学構内の健土健民碑

高齢になった黒澤は公職から離れ昭和57年逝去（享年97歳）。戦前の道議会議員時代に純粋な思いから青年の禁酒を提唱するなど急進的との批判がありました。しかし、足尾鉱毒事件の体験から得た健土健民は、現在の循環型農業であり、ＳＤＧｓで、その先見性は高く評価されています。

渡満した出納陽一の戦後を見ます。引き揚げ、佐賀酪農塾長に就任。昭和28年酪農学園短期大教授兼野幌機農高等学校講師。39年酪農学園大学教授。同学校法人の役員に就任し学園の運営に尽力。著書として『デンマークの農業』（大正13年刊）があり、北海道農業の改革指針を示します。このほか『満洲の開拓と酪農経営』（昭和17年刊）など多数あり、加えて酪農学園発展の功労者と言えます。

出納　陽一
（提供：酪農学園大学）

5　十勝農業学校の塾風教育と満州開拓

十勝農業学校、現在の帯広農業高等学校について、主に『帯広農業高等学校五十年史』（昭和45年9月刊）と帯広畜産大学教授の田島重雄の書『北海道農業教育発達史』（昭和55年刊）を基に紹介します。

〝十勝農業学校は、先の拓殖実習場と同じ官立でしたが、拓殖実習場と異なる塾風教育で、満州開拓と関わります。

学校は大正7年に帯広町（現帯広市）に設置されました。十勝管内の12町村が事務組合をつくり組合立として設置、地元では「勝農」の愛称で親しまれます。勝農は道内の農業学校の中で、岩見沢の空知農業学校に次ぎ開校、大正11年に北海道庁立に移行しました。

文部省が特色ある実業学校を推奨し、昭和9年に十勝農業学校は甲種農業学校であったのを実習時間が多い乙種農業学校に転換。また北海道庁長官が農業教育の改革を打ち出し、農業実務に長けた校長と教員が配置され、塾風教育を開始します。これにより、精神教育を重視し、農村の中堅人物養成のため学科、訓育、実習を3本柱とします。中でも実習に重点を置き、国民精神や国家的信念の養成に努めます。

他方、卒業生が対象の研究科を設置、研さんのため各自自主的なテーマを決めるなど、自由な教育を施していました。

昭和10年、校舎は隣の川西村に移転し校名は川西農業学校に変更、校地は110町歩に増え、生徒は5つに分けた経営農場と付属の寄宿舎に入り、舎監の先生とその家族が起居を共にする師弟同行とします。翌11年秋、北海道陸軍特別大演習を終えた天皇陛下の行幸がありました。

この後に学校一円を尽忠村と銘打ち　1～3年生の縦割りの5つの班をつくり、それぞれを農事実行組合になぞらえ経営実習をします。また父兄会から社（やしろ）が寄贈され、通称、勝農神社を創建。13年には尽忠村から尽忠隊に改編され、実習は農家への援農が多くなります。

戦争の激化により、5時に起床し朝作業の後に7時に神社に参拝、30分ほどの訓話の後、教科の授業、実習のほか、近くでの援農や飛行場づくりに動員されます。17年に文部省の呼びかけにより「勤労報国満州建設勤労奉仕隊」を編成、校長が中隊長となり勝農生20人を含む全国400人を引率し、北満の黒竜江省の農場に3カ月入り、収穫や家畜管理をします。20年には琵琶湖干拓工事に大量の生徒が出動し「校門は営門に続く」と称していました。

戦後になり、援農と動員により実習地や学内が荒れ、生徒の心も荒れ、ついに校長排斥のストライキが発生、翌21年3月、校長は責任を取り辞職。これにより塾風教育が緩くなり民主化教育に移行。23年に北海道から農業ホーム・プロジェクト実験校に指定され、生徒の自主的活動を重視するようになり、校名は帯広農業高等学校に変わります〟

小括

以上から、北海道の農学校の塾風教育と満州開拓との関わりを紹介しました。各校の設立目的が異なりますが、修了生の満州への送出者は、八紘学園以外少数でした。また、加藤の満蒙開拓青少年義勇軍訓練所と比べると、義勇軍は3年3カ月の訓練に対し、北海道の学園は1～2年と短期でした。さらに、義勇軍が国の丸抱えに対し、拓殖実習場以外は私立を貫きました。特に、拓殖実習場の塾風教育は、本来の自由主義の教育理念に基づくものでした。しかし、戦後、いずれの学校も教育の民主化を進めようとしましたが、生徒の長期のストライキにより徐々に塾風教育を緩め、全寮制廃止により、その姿を消します。

第5話　北海道人たちの満州開拓と戦後

「満州農業移民百万戸移住計画」が国策に決定し、北海道農法の導入が決まり、北海道からの渡満者が増えだします。第5話では、この農法導入前に渡満した満蒙開拓青少年義勇軍訓練所教士の中沢広、導入後の水田作の指導農家の唐木田真、農機具製造工場主の菅野豊治の3人の回顧録を要約して満州開拓と戦後の北海道開拓との関わりを紹介します。

1　中沢広は義勇隊教士から町長へ

中沢広は、北海道庁がまだ満州への農業移民の募集を停止していた当時、満蒙開拓青少年義勇隊訓練所の教士となり渡満します。戦後引き揚げてきて、昭和40年代に入り義勇隊に関する書が出版されましたが、それらが加害者を強調しているのを嘆き、「それは義勇隊という大集団の一部のことであって、これをもって、氷山の一角視することに異論がある」との思いを強く持ち、私家本を発表します。この私家本の『あゝ満蒙屯田―満蒙開拓青少年義勇隊―』（昭和61年刊）を基には義勇隊教士時代と戦後の教育者、町長時代に分け紹介します。これからの記述は特に断りがない場合を除き、この書によります。なお、書の通り義勇軍は義勇隊とします。

(1)義勇隊教士時代

屯田兵の子に生まれ、渡満

〝中沢は、明治25年、北見の隣の端野町（現北見市）の屯田兵の子に生まれます。大正13年に札幌師範

中沢　広
（提供：北見市）

学校（現北海道教育大学）を卒業後、昭和7年に雄武町の小学校校長になります。12年12月に南京事件が発生し、一般人を殺りくしたのを知るに及び、中沢は中国庶民の恨みを重ねていては、アジアの共栄は到底望むべくもない、との思いでいました。そこで誰に相談することなく、義勇隊教士に応募、選考を受け合格。14年6月、家族を残し、茨城県の内原訓練所近くの鯉渕の義勇隊幹部訓練所に入ります。訓練所は塾風教育の全寮制で、食事は麦入りの飯とみそ汁、たくあんと粗末なもので、加藤完治の皇国農本主義の思想と武道の教育訓練を受けました。訓練が進み、義勇隊病院勤務隊員の生徒監を命ぜられました。また、産業報国隊になる予定の水戸高校3年生の訓練を担当、講話では北海道の話をしました。

11月末に満州行きが決まり、宮城遙拝、靖国神社、明治神宮の参拝を終え、満州に向かい12月1日に新京に到着。満拓本社から北満の北安省海倫県の満蒙開拓青少年義勇隊対店（たいてん）訓練所の訓練部長の辞令を受け、任地に向かいます〟

対店訓練所教士に

〝対店訓練所に入り、しばらくして先遣隊50人が入所し、準備作業を終えました。その後、中隊320人の生徒が入り訓練が本格化。北海道出身者が93人と最も多く心強く思いました。

対店での訓練終え、入植前の訓練のため海北駅から50㎞ほど離れた無人地帯の小訓練所に入りました。1月半ばの小正月に配下の三井義勇隊訓練所で、酒の勢いで幹部を殴る騒動が発生したとの知らせを受け、急ぎ向かいますが着いた時は騒動は既に収まっていました。翌日、生徒皆を集め、中沢は怒ることなく、屯田兵村では兵たちが助け合い開拓に成功したと訓話をし、帰任しました。

春の農作業を始めましたが、府県出身者は農機具操作と乳牛の飼い方が不慣れなため、所長の陸軍中佐に対し、生徒への北海道での短期研修の実施と熟練者を呼び寄せるよう提案。短期研修は後に実現、また熟練教士として実弟の中沢彪が着任し、馬2頭引き、3頭引きの大型プラウの操作訓練を指導。

雨季に入り道路がぬかるみ、トラックや馬車の通行が不能になります。通信連絡のため所長に義勇隊が禁止している乗馬訓練の解除を申し入れて了承を得、訓練を始めます。なお、訓練所の収容定員は4000人で、夏になり次から次と生徒が増えました。

秋の収穫期、府県出身の生徒は長い畦（うね）に戸惑いが見られましたが、北海道出身が率先して麦刈りをしました。

ひと夏が過ぎ、内原訓練所の農事訓練が不備な上に現地訓練所の指導員不足を感じました。10月半ばを過ぎると土壌凍結がひどくなり、訓練所の建設工事は中止となり、また苦力たちは引き揚げました。冬の主な訓練は教学が主となりましたが、資料や参考書、設備がなく、また生徒は満州の風土や開拓に対する認識不足のため生活に不満がたまり出します。中には憂さ晴らしに窃盗や略奪などをするやからが現れます。ある中隊では平板測量の実習や地下室をつくりモヤシづくりを始め、生徒の関心を呼ぶことに成功。それでも地元満人の子女に対し不祥事が発生、中沢が出かけ親に謝罪しました。

その翌夏は、馬耕技術の訓練に重点を移していたところ、鉄驪（てつれい）訓練所の鉄驪第5大隊大隊長に発令されました〟

鉄驪第5大隊大隊長に

〝16年8月31日、北安省の隣の浜江省の鉄驪に赴きました。到着してすぐ肺炎にかかり、5日間入院しましたが回復、中隊回りの後、冬に向け中隊長懇談会を開催し、冬野菜の確保、警備と凍傷の予防、銃器の取り扱い、弾薬の管理、性の問題、父兄との連絡について話し合います。

冬を前に、開墾訓練の抜根は人馬一体となり、抜根は主根を切断し綱を掛けて馬で引き、面白いほど進みました。北海道と同じ樹種が多く、立木の伐採、玉切り、木割りにし、冬仕事としてチームをつくり木炭製造を始めました。つくられた炭釜に入れ、これを一連の訓練としました。

11月に鉄驪大訓練所の合同大演習が開催され、中沢が大隊を指揮しました。冬になり寒さで凍傷になり活動が鈍りだし、ついに井戸のポンプは凍結し、風呂場は使用不能となりました。本部に修理を申し込んでも来てくれません。そこで、中沢は生徒に修理をさせましたが、修理を終え生徒は自信を得たようです。ただ真冬の夜間の歩哨で足に重度の凍傷者が出ました。靴下の洗濯が不十分なため発症したもので、生徒に日頃からの生活の基本が重要と教えました。

４月になり、ハルピン訓練所に異動が発令されました〟

義勇隊訓練の中心地ハルピンへ

〝ハルピンは浜江省の省都にして北満の要衝。市内に中沢が赴任する義勇隊幹部の指導員訓練所のほか、中堅幹部の嚮導訓練所、一般開拓者の基礎訓練所、特科隊訓練所と４つがありました。所長は陸軍中将で、中沢はその下で訓練部長でした。

着任後、北海道から家族を呼ぶことになり、急きょ仮宿舎がつくられました。

中沢がいた義勇隊ハルピン訓練所
（提供：満蒙開拓平和記念館）

ハルピン駅に家族を出迎え、2年ぶり8人が顔を合わせました。

生活が落ち着きだした頃、職員宿舎に火災が発生、原因はペーチカと外円筒の連結の土管が折れ、そこから吹き出した煙が二重壁の隙間に入り込み出火。屋根まで燃えだしたもので、設計や施工ミスとの論議があり、満州特有の火災で、後始末は着任初の大仕事となりました。

17年5月に朝鮮にも徴兵制が敷かれ、生徒の中に出身者がいて、その相談に追われました。もう1つ衝撃的な事件は、朝鮮婦人の慰安婦として強制的な徴募の問題が発生、彼らは大きな侮辱とし、怒りとなりました。ついに反日行動隊に参加を企図する者が現れました。生徒の1人は姉が徴募され残された父の介護のため急きょ帰郷しました。

プラウ操作の要領が悪く、能率が上がらないのが話題になり、馬耕研修会を開きました。まず幹部が隊員一同を前に実演することになり、北海道出身の中沢が真っ先に畑一周の馬耕を無事こなし、一同から感心されました。

前年、大規模な関東軍特種演習がありましたが、17年秋に演習を終えた大集団が訓練所の練兵所に集合、目新しい兵器が目につき、勇将といわれた山下奉文大将が来ていました。

収穫の秋、ハルピンの女学校から収穫作業の見学の申し込みがあり、収穫のほか中隊宿舎、農場、養兎部などを案内、内地では見られない大規模農場の姿に感心をした様子でした。

18年に入り、前年から計画していた稲作を始めることにしました。造田は朝鮮人たちが経験していましたが、彼らの水田は日本のような方形にこだわらずいろいろな形があり、また、草取りはあまりせず粗放なつくり方でした。

中沢は故郷から富国種の種もみ4俵を取り寄せ、不足分は朝鮮種を精選して充てました。各中隊は、直播、移植それぞれでしたが順調に生育しました。しかし6月に入りヨトウムシが大発生したので、指導として、侵入したのを手で捕殺し、発生源の粟畑の周りに掘りを巡らし侵入を防止しました。素人の防除策ながら功を奏しました。秋になりいずれの品種も実りは良く、反当たり６俵と北海道並みでした。これまで義勇軍は野菜づくりを得意としていましたが、米のほか麦、豆などの穀実作物への移行ができるようになりました。

翌19年３月上旬に新京で、全満の義勇隊訓練所の訓練部長会議が開催され、中沢が出席しました。会議２日目、関東軍の将官級が出席し、司会からせっかくの好機なので質問を受ける、とあったので、とある訓練所の部長が「われらの義勇隊職員には、行動が緩慢な老人子女の家族がいて、非常時のこれらの方々の処置と軍との連絡方法について教示願う」と質問したところ、将官の１人が突然立ち上がり「関東軍を侮辱するのか」「国境を突破されて、君たちに迷惑をかけるほど、軍の監視体制は欠けていない」「君たちの力など、軍は当てにしていない」と怒鳴って立ち去り会議は終えました。既に義勇隊から軍に多くの応召者を出している状況にあって、何と心細い感じがすると出席者は話し合いました。３月31日、最北の孫呉（ソンゴ）訓練所に異動が発令されました〟

孫呉訓練所長に

〝孫呉訓練所は黒河省孫呉県にあり、孫呉駅からさらに30㎞ほどの所が本部で、北緯49度のソ満国境の近くに位置していました。赴任旅行は初めての家族旅行となり子どもたちは大喜び。

初対面の訓練所長は、軍人ではなく内原直系の筋金入りの人で、毎朝水浴、神社参拝を欠かしません。また、巡察の後、所長から農産物の生産増強が重要とまず話され、その訓練所に植林のための苗畑があることや幹部垂範を基本としていることについて恐れ入り聞きました。

夏の日の午後、突然、訓練所に関東軍後宮司令官が来訪、巡察の途中立ち寄ったとのこと。所長との打ち合わせで、戦局が緊迫していると話されました。義勇隊の将来に心を寄せられたものと思われました。

食糧増産が思わしくないためか、本部から開墾による増反の命令がきました。所長は50町歩の開墾と荒れ地の回復を計画、中沢は実施計画を立て、生徒が測量をして農地、道路、排水路の位置図を作成。荒れ地については各中隊にプラウでの再墾を指示しました。

9月末、嫩江（ノンジャン）訓練所に異動が発令されました。赴任前に各中隊への挨拶回りに長男を連れて行きましたが、中沢の試作をモデルとしてつくられた手回し式の馬鈴しょでん粉製造器で製造したでん粉を各庭先に干していました〟

なお、中沢の書には製造器の見取り図が記載されています。

嫩江訓練所長に

〝嫩江訓練所は、龍江省嫩江県にあり、先任地の孫呉の南に位置します。ここは武装移民の饒河大和北進寮を改修し義勇隊訓練所にしましたが、匪賊（ひぞく）の襲撃を受けたりして整備、訓練をしました〟

なお、中沢の書には当時の教士、生徒の貴重な苦労話が集録されていますが、ここでは省略します。

〝嫩江の本部に行くには、鉄道で北安と寧年の2駅で乗り換えが必要で、本部は嫩江駅の隣の八洲駅にありました。ここは大訓練所で、所長は陸軍少将ですが、訓練は中沢に任せると言われました。

しばらくして、聞取りづらいラジオにより戦況悪化を知りましたが、在満の一般日本人はそれを知ることはできませんでした。訓練所に生徒2400人ほどが在籍。中隊幹部、本部職員の召集が相次ぎ業務遂行は限界に達しようとしていました。また、秋の収穫が終わり訓練生は挺身隊として各地に応援に出て行き、残された生徒への講話で時局に触れ、万一に備える心構えを話しました。所長は歩兵科出身で射撃が得意としていたので、幹部に射撃指導訓練があり、後に競射大会が行われました。

20年６月になり訓練所に畜産部ができ、軍馬の管理のため軍から大尉が派遣されてきました。また、中沢が提案した北海道での畜産研修を終えた１期生が戻り、酪農幹部の養成を兼ね訓練をすることになりました。７月に所長が応召となり、中沢が所長代行者になりました。

８月５日、突然、田中孫平満州国開拓総局長が視察に訪れ、国内外の情勢を知らされました。翌日、局長は佳木斯（ジャムス）へ向かう予定でしたが、急きょ新京に戻られ、非常事態の勃発が案じられました。その日に軍からトラクターの徴用があり、スコッチウイスキー２本を置いていきましたが、ある所にはあるものと感心しました。

８日、大詔奉戴日で、戦勝祈願祭の後、緊迫した状況を生徒皆に説明しました。９日、国境付近の町にソ連軍機の空襲の知らせがあり、日ソ開戦が現実のものとなりました。12日、軍から生徒１５００人が指揮下に入るよう命令があり、それを半分にして壮行式を開き、中沢が観閲をして八洲駅に送ります〟

(2)終戦、教育者から町長に

〝８月14日、ソ連軍侵攻を聞き、列車で引き揚げるため１人２個の荷物にまとめ駅に集合するよう命令。翌15日になっても列車は来なかったので戻ります。また、嫩江県の日系副県長は自殺し、満系職員がトップとなったためか無政府状態に。16日、召集された生徒は召集解除になり、ハルピンから帰って来ました。天皇の終戦詔勅があった旨報告がありましたが、真偽不明としました。18日、関東軍から敗戦の正式の通知があり、全員を集め中沢は涙の中で皆に伝えました。その後、２つの開拓団避難者が訓練所に到着し武道館に収容。20日、雑音の多いラジオから「義勇隊は平常通り訓練して、越冬の準備をするように」と義勇隊本部長が訓示。24日、隣の嫩江市街がソ連軍侵攻により混乱との情報があり、中沢は幹部を非常召集し逃避を開始。ソ連軍が侵攻してきたとの知らせを受け戻り、中沢はソ連軍に投降を申し入れます。

ソ連の隊長と所長室で交渉、全員の保護が保証されました。26日、ソ連軍監視の下、嫩江の日本軍兵舎に送られました。30日、中沢は兵舎に到着し家族と再会。避難者は約５０００人で日本人居留民会を結成、中沢が副会長（後に会長）に就任し避難者の救護に努めました。

９月10日、避難者が増え最大の１万人に。９月末と10月初めに１５００人の列車での南下が許可されました。12月末、居留民会は寒さと食糧不足の中で病気がまん延、死者が多数出て、避難生活が限界になったので、３００km南のチチハルの日本人会に支援を求めることにしました。中沢ら３人がソ連の軍事列車の石炭運搬列車にひそかに潜り込みチチハルに着き、日本人会に借金をして戻りました。

翌年３月５日、一行１３０人が借り上げた満人の馬車と徒歩で逃避を開始。９日、中沢らが出発し皆と合流、15日チチハルに到着、収容所には後続が次々到着。引き揚げの見通しがなく食糧の確保ができずに困っていましたが、嫩江の満人の馬公司がチチハルの日本人会の保証で金を貸付けるとの話があり、中沢はまたも嫩江に行き話をまとめ戻ります。農耕期になり、現地農家での日雇労賃などで生活を維持。8月30日、引き揚げ列車に乗車、中沢は１人の娘を病気で失うも、出港地コロ島に向かい、そこに滞在。10月３日、博多港に到着。

10月19日、北海道に戻り教員復職を願い出ましたが、戦争協力者の疑いから採用は断られます。やむなく留辺蘂（るべしべ）町大和に入り、木炭製造をして家族９人が生活。昭和25年に教員に復活。28年端野町教育長。30年端野町の小中学校長。39年端野町長に就任し３期務めました〟

中沢の書『あゝ満蒙屯田』の「あとがき」にある満州開拓ついての所見を引用します。

【満州入植自体が原住民の土地を奪うという罪悪を犯している。農民が如何に土地を愛し、執着を持っているかは、身を持って知っている筈の義勇隊が、五族協和を謳いつつ、第一歩に於いてこの誤りを犯したのは国防第一主義を取った軍である。自ら堕落し、虎の威を借りて、略奪暴行凌辱を犯した者が如何なる報復を受くるも当然の事ながら、義勇隊の一大汚点であり、慚愧の至りである。この憤怒を乗り越えて、難民救援愛護の手をさしのべてくれた多くの原住民を私は知っている。その人間愛の尊貴な姿に低頭深謝あるのみである】

2　指導農家の唐木田真

北海道農法の実験農家として、北海道北部の多寄町（現士別市）から唐木田真が渡満します。満拓の実験農場長になり、北海道などから入植者の稲作を指導、携行した北海道の種子と耕作法により稲作は成功。実験農家として指導していましたが、ソ連軍侵攻に、異例の農場現地で越冬します。戦後引き揚げ、豊平町（現札幌市）真駒内に団体入植し開拓に成功します。唐木田の書『三反百姓小倅の足跡』を基に紹介します。なお、これからの記述は特に断りがない場合を除き、この書によります。

(1)道北から満州の指導農家へ
長野県に生まれ北海道へ

〝唐木田の書名は、出身地の長野県の経営面積が三反と小さな農家の生まれから名付けられました。

唐木田は、明治35年３月に長野県の山岳地、上水内郡信州新町穴平に生まれます。尋常小学校を卒業後、父が病気がちで、長男の唐木田は出稼ぎ人になり、大正６年６月に叔母がいた旭川の近くの西神楽村に入ります。郵便配達人をしていましたが足が悪くなり、叔父とともに冬山造材人夫や重労働の鉄道貨物積み込み人夫をして、故郷に仕送りをしていました。６年を過ぎ賃金が相場の２倍だった地元の大地主の奉公人となり、わずかの水田を小作して金を蓄え帰郷しました。

大正11年、新潟県の高田連隊に入営しましたが、帰郷後、父の借金を完済してなお貯金があり、心置きなく過ごしていました。ところが関東大震災が起きたため急きょ軍から派遣されました。流言飛語の中で罹災者の救護に尽力。ここで非常時の肝を据えた対処を知り、これが後に役立つことになりました。

2カ年の兵役を終え、帰郷。大正13年12月、今度は叔父のいる北海道の上川郡多寄村（現士別市）に4町歩の小作農として入植。豊作に恵まれて自立、結婚します。妻は農家生まれで、室蘭の病院で働く看護婦で助産婦の資格を有し、これが後の満州で役立つことになります。次々と土地を増やし14町歩の水田経営で、子どもも生まれ人生で最も盛んな時期を向かえていました。

しかし、昭和6年と7年の連続冷害に遭遇し、またギャンブル好きの叔父の負債付きの高上がりの水田を買い受けました。水田と除虫菊をつくり、馬3頭と牛3頭を飼養するも経営は中々安定せず、家計は妻の助産婦の収入で補っていました。故郷から呼んでいた弟を分家独立させるため北見拓殖実習場に入場させ、また、妹婿は十勝拓殖実習場修了者で、実習場と深い縁ができました。公職として在郷軍人多寄分会副会長になり国士気分にいて、ほかに村農会の理事に就任していました〟

満拓の高官から誘われ渡満

〝昭和14年、唐木田の所に満州国の稲垣征夫が訪ねてきました。稲垣が興農部開拓総局長の高官であることは後に知りますが、稲垣は唐木田と同じ長野県出身で同郷のよしみから話が弾みます。満州の開拓農家の営農が停滞し、水田の実験農家として渡満するよう勧誘されました。

最初は気の乗らない返事をしていましたが、「満州開拓は失敗の連続で、君のような北海道農法を実践している農家を移し、営農を実地に示したい。これが失敗に帰するならば、自決して陛下におわびする覚悟」と説得されました。家族は反対していましたが、国士気分の唐木田は渡満を決意。移住先は満州の中央部の吉林省舒蘭県水曲柳で、既に大きな開拓団が入植していました。

入植地は北海道の２戸分に相当する10町歩なので、大型の畜力農機具、牛馬各２頭、家財道具などを貨車２両に積み、小樽からは船出することになりました。

38歳になっていた唐木田は、15年３月27日に渡満、水曲柳に到着。入植したのは北海道からの８戸とほかからの７戸を合わせ15戸でした。

50㎝ほどの土壌凍結が融けた４月下旬、堆肥をまき２頭引きプラウで深く起こし、道産の男爵イモ、エン麦、大麦、トウモロコシ、牧草などをまき、北海道農法を実践。後に吉林省内の10の開拓団が視察に来て北海道農法が期待されました。この年は降雨が多く、周りの開拓者が水害で半作でしたが、唐木田は平年作で、初年目にしては大成功。また持ち込んだ畜力農機具を駆使し自家労力で耕作、苦力を雇用することはありませんでした。10月になり勧誘の稲垣局長が来場、また各農家による実践発表会があり、唐木田は耕作記帳を数字にして発表、好評を得ました。

ところが、唐木田が入った水曲柳と隣の大日向開拓団が未利用地の取得を巡り争いが生じました。この団は長野県佐久郡から入植した分村開拓団で、移住は小説や演劇、文部省推薦の映画にもなり有名でした。稲垣局長は争いの地の中間に満州国立舒蘭開拓農業実験場を設置して両者を収めます。唐木田は指導農家ながら実験場長を命じられ、私宅は場事務所になります。この実験農場は水田稲作の実証が目的で、北海道から実証農家を募集することになり、唐木田は１年足らずにして北海道に帰り全道各地で講演し募集、分家していた弟を含め30戸の応募者を得ます〟

造田し稲作が成功

〝実験農場の水田耕作に必要な用水路と区画整理工事の施工は満拓が行いましたが、満拓から技術者の吉井清孝（筆者高尾注：戦後は北海道開発局勤務）が来て尽力。支線水路と田の均平は唐木田が馬を使い整備しました。満州の稲作は朝鮮人が担い、彼らが90町歩の整然とした区画の水田を見て、驚きを見せます。

渡満2年目、唐木田が、北海道農事試験場の品種改良により生み出され、耐冷性を有する栄光、富国、栗柄もちの各種子を畑温床育苗により移植します。

唐木田は当地の干ばつを警戒し、5町歩の共同畑育苗と同じ水苗代での作付けを計画。畑温床育苗は、実験農場入植者の中に体験者はなく、唐木田は資材難の中で木製の温床障子を手づくりし、苗床に播種し移植の時期を待ちました。しかし日照りが続き、雨が降りだしたのが6月末頃で、時期を失し、やむなく移植面積を減らし、持ち込んだタコ足器で4分の1の水田を直播としました。その後の天候は良好で畑作物は平年作なのに対し、稲作は満州在来品種の在来栽培で収穫皆無の所が多かったのですが、唐木田は8分作となり、稲作は成功しました〟

筆者（高尾）から補足します。唐木田の出身地の多寄は水稲の栽培北限地で、そこでの経験を生かしました。当時、タコ足器による直播が全盛でしたが、冷害対策として畑保温育苗による移植栽培が徐々に普及しだし、唐木田はこれを会得していました。この畑育苗は、多寄の隣の上士別農会所属の技術者が実証試験を繰り返していて、道内でまだ普及途次でした。唐木田は、これは山師的な取り組みであったと回顧しています。この技術はより熟度を高め、後に北海道の奨励技術になります。なお、戦後、新中国の東北部（旧満洲）にこの技術を伝えるため国際協力した原正市について、本書第7話に記します。

唐木田の書に戻ります。

〝実験農場のある中満では水田がほとんどなかったのですが、ここより北のハルピンの義勇軍嚮導訓練所部長で北海道立拓殖実習場から赴任した樋口幸美が、生徒60人ほどを連れて見学実習に来ました。また、満拓の稲垣部長はこの成功を喜び、満拓総裁を連れ視察に来訪。その後も次々と視察者が訪れ、唐木田は案内に大わらわで、稲作が可能なことが全満に知られるようになります。

畑育苗の導入は、満州の中部では先駆的なものでしたが、満州の稲作実験場は、ここと北満の三江省の鶴立、南満の錦州省盤山の３カ所で、舒蘭以外は十分な成果はなかったといわれています。

入植３年目の17年、実験農場の稲作は軌道に乗り、畑作、畜産それに衛生部門に分け担当を決めました。困ったのは農機具の破損でしたが、後に北海道から農機具工場が移駐し修理ができるようになりました。実験農場が軌道に乗り、唐木田に全満から講演依頼があり、一層忙しくなります。また各地から指導依頼があり出かけましたが、北満では秋早く霜が降りるため北海道の早生の赤毛種が適していました。

18年は豊作で、玄米で４００kgと多収、19年も豊作でしたが、戦況の悪化が聞かれるようになります。昭和20年６月、「根こそぎ動員」で、実験農場の農家からの多く働き手の応召により、個別での営農が不可能となり、全面共同経営に移行。農場の25戸を5戸１班とし、農作業と炊事を共同としました。

７月29日、新京市で全満州開拓団長会議が開催され、３５０人が参集。関東軍司令官・山田乙三、満拓総裁・斉藤弥平太、開拓総局長・田中孫平の幹部が出席。会議では、戦況報告の後に食糧増産を図るためには唐木田の舒蘭実験農場に学ぶようにとの話がありました。ところが、満拓斉藤総裁から「唐木田の舒蘭は共同経営で、赤ではないか」とあり、唐木田は「共同にしたのは、兵役に取られ労力不足で留守家族の援護のためやむ得ない措置」と説明。田中総局長から唐木田君は赤ではないと助け船があり落着。幹部の認識のなさを思い知らされました〟

筆者（高尾）から補足します。17年から満鉄調査部で協同組合運動をしたとして関東（軍）憲兵隊特別高等課が職員40人ほどを共産主義者との嫌疑で検挙した事件からの発言とみられます。

終戦前夜の実験農場

〃8月15日、唐木田は実験場から3里ほど離れた県公署に出向き、ほかの団長とともに天皇の終戦詔勅を聞き、男泣きで帰場しました。

ソ連軍は満州の東側と北側から侵攻。国府軍と共産八路軍の泥沼の戦闘もあり、祖国を失った開拓民は木の葉のごとくとなりました。流言飛語の中、8月下旬に北から逃れてきた開拓団員たちが農場に到着し保護。9月に入り県下の開拓団は暴徒に襲われますが、唐木田の農場は無事でした。唐木田は他の親しい団の安否を確認するため満人に変装して出かけましたが、そこの避難場所が襲われ多数の死者が出たのを知り、3日後に帰場しました。

9月9日、舒蘭県下で数千の暴民により開拓団への一斉襲撃が始まりますが、実験農場は現地民に農業技術情報を提供し、また苦力は使わず小作もなく、妻の満人への助産婦活動などにより襲われることはありませんでした。唐木田は水曲柳の県公署に掛け合うために出かけましたが、途中の開拓団は略奪に遭い、幹部は殺されていました。残された者たちに対し唐木田は自決することなく、すぐに暴徒に全財産を渡すよう説得しました。

県公署に着きましたが日系役人は既に逃亡、満人の県長は泣くばかりで話ができずあきらめ、暴徒の潜む中、3日後やっと帰場しました。帰ってみると残っていた男子は13人とわずかで、逃れてきた開拓民を含め婦女子は800人でした。そして暴徒から逃れるため、皆は疲労困ぱいになっていました〃

避難せずに入植地で越冬

〃唐木田は皆を集め「ここは覚悟を決め、暴民が来る前に、実験場の全財産を地元の満人などに明け渡し、難を逃れることにする」と話しました。暴民たちの略奪は、物資が目的で、明け渡せば命が助かると信じての言動でした。

唐木田はまた、冬を前に大勢での逃避行は危険と判断し、当地に残ることを決意。死中に活路を求め、現地人が組織し新設の「治安維持会」に保護を求めました。幸い会長の満人は顔見知りで、保護を求めたところ離ればなれになっていた両親と家族がいて合流、会長は農場の皆の保護も約束してくれた。また、資金を土中に埋めて隠し、越冬に必要な農産物は残されていて、冬に向かってオンドルなど住居の改修を進めました。その後、一般民と兵士が合流、居留民会を結成し唐木田が団長に選ばれました。

10月1日の朝、ソ連軍進駐部隊が現われ、「代表者を出せ」との声に唐木田が名乗り出て「私らは農民であり兵ではない。この実験農場は北海道から来て農業を実地指導するためにつくられた。満人の小作人や苦力を使用するなど搾取はしていない。私ら１０００人は一般の難民であり保護を求める」と話を終えたところ、通訳からマダム３人の要求が知らされました。困っていたとき、避難の中から中年の３人の女性が「私たちが行きましょう」と言ってくれました。私の妹と称し３人と共に司令部に出向きました。交渉は成立しその後不穏な動きはなくなりました（なお、この３人の女性は日本に引き揚げたと伝え聞きます）。

ところが、司令官から唐木田に「舒蘭県下の山奥にまだ武装解除していない2つの開拓団があるので、解除に応じるよう説得せよ」と依頼があり、今度は日本人同士の交渉となり、長い間の説得の末に成功しました。

しかし大きな不幸が待っていました。発疹チフスがまん延しだし、避難民団の8割が罹患、看護婦の妻が薬のない中で処置に当たりますが、不幸にして罹患、過労もあり妻は死亡しました。後になり団員の中から苦難を乗り越えるため再婚を勧められ、めとることにしました。

21年、ソ連軍に替わった八路軍から１００町歩の農地の借り受けが認められ、自給自足のため水田50

町歩、畑20町歩に種をまきましたが、収穫を前にして引き揚げることになりました。これで唐木田の満州の任務を終えます〟

唐木田真の舒蘭実験農場の動向について『満洲開拓史』から引用します。

【在籍者百四十名で、うち帰還者は百六名、死亡者十八名、未帰還者十六名。これに対し、土地争いをした隣の大日向開拓団は、在籍者七百五十五名で、うち帰還者は二百九十三名、死亡者四百二十名、未帰還者四十二名。大日向開拓団は、暴民の襲撃を受け、九月二十六日新京に到着し越冬したが、発疹チフスにより多数の死亡者がでた】

(2)北海道へ引き揚げ、戦後開拓

唐木田の書に戻ります。

〝唐木田は満州で父、妻と死別し、引き揚げは昭和21年9月18日。唐木田は引き揚げの乗船名簿に1230人の氏名を記しました。後に『満洲開拓史』刊行会に終戦後の舒蘭開拓実験場の現地において、集団生活中に発疹チフスで13人が死亡したと情報提供しました。

唐木田は札幌東苗穂の俗称武士（さむらい）部落に一時寄留し月寒引揚寮に入り、野菜畑を借り越冬の準備をします。土地さえあればとの思いから開拓地を探しに東京に出かけ、農林省の課長に会ったところ、「唐木田さんの実験農場長の退職金」と称して3500円が提供されます。課長は、元満州開拓総局の営農科長の顔見知りで、唐木田はその金で、高価で札幌にはないノコギリとオノを買い入れ、入植を待つ13戸への東京土産としました。

入植地は真駒内から高台に入った米軍基地内の遊休地を適地としました。この土地は、旧真駒内種畜牧場用地をアメリカ軍が接収していて、解放運動を始めます。運動は豊平町役場を窓口とし、石狩支庁、北海道庁と農林省、満州開拓者引揚援護会に対して行います。翌22年4月に入りアメリカ軍接収地の一部、１６００町歩の払い下げが認められました。豊平町駒岡に真駒内開拓団を結成、唐木田が団長になり32戸が入植しました。土地代金と営農資金の現金を確保するため、開拓予定地内の立木の伐採許可運動をして許可を得ました。これには組合を設立し伐採して伐木を売却することとしました。

その後、開墾に成功しイナキビ、ヒエ、雑穀を植え、後に水田をつくりました。入植者が増えだし、営農と生活に不可欠な道路は町役場に、電気導入は電力会社に整備を要請。資金・資材の供出や労力提供をこれも組合をつくり進めました。しかし資金不足から反対があり、まとめるのに苦労しました。

営農の発展を図るため、加入していた豊平農協を脱退し新たに開拓団だけの真駒内開拓農協を設立し、唐木田が組合長に就任。

難題だったのが小学校で、高台下の遠くに通うのですが、冬は吹雪で登校できず困り果て、農林省に要請して資金提供を受けました。しかし建設地の選定は難航、予定地が住民の意向に反していたので、町と町議が来ての説得に当たり了解を得ます。

交通網が不十分で、あらかじめ確保していた道路用地を生かし、28年、北海道開発局に冷害対策事業として整備を要請、局の下請けとして組合員が出役し整備します。

入植20周年記念事業の前後から、地区に宅地を求める人が出てきました。唐木田は、38年に宅地造成などを開始し販売。また奥地の傾斜地は、営農不振なためゴルフ場を誘致します。

ところが、農林省の１市町村１農協の方針から開拓農協は解散

開拓碑（開拓会館脇）

することとなります。他の開拓農協は赤字が続いていましたが、当開協は宅地販売などにより電気、水道、道路、電話などの施設は組合員に負担なく整備しており、清算時には組合員に対し道内最高額の80万円を配分しました。この開拓農協の清算により余剰金は駒岡地区の集会所の「開拓会館」の建設と部落会に寄付。また開拓の歴史を残すため「開拓碑」を建立しました。

唐木田は三男が千歳で独立したのを機に農業から勇退、念願の欧州農業視察に出かけ旅行記録を著述。

唐木田はもう1つ国際的な活動をします。戦後、満州開拓引き揚げ者援護のため「満州開拓民援護会」ができたことは本書第1話に記しましたが、その後、満州以外を含めた「全国開拓民自興会」に変わりました。自興会は引き揚げ者の開拓入植の促進、処遇改善などを国に働きかけるため結成されました。当初の目的が達成されたので、新たに国際的視野に立ち日本農業の諸課題の解決を図るべきとの意見が多くなります。そこで会は、26年に「国際農友会」を創設。唐木田は、当初の援護会や自興会の北海道会長と農友会理事に就任しました〃

この農友会の事業に農業研修生海外派遣がありました。経済が困窮する時期で、北海道からアメリカ870人、カナダ216人、ニュージランド94人、オーストラリア75人、ヨーロッパ189人を半年～3年にわたり各国の農場に青年を派遣しました。派遣された研修生は帰国後、就農し地域の指導者になり、北海道農業の発展に貢献することになります。

3　満州移駐の農機具製造工場主の菅野豊治

満州は、リージャンというすきを馬に引かせ耕起、そのほかの作業は人力に依存していました。しかし、北海道農法の導入が決まり、北海道の2倍の標準10町歩の経営に対し、雇用労力に依存しない自家保有労力での営農が求められました。これには畜力用の農機具が不可欠で、北海道から39の製作会社が移駐します。その中に上富良野村からは菅野豊治が渡満し戦後引き揚げ、会社を設立しプラウの製作における日本のトップメーカーに成長します。

菅野　豊治
（『土の館常設展示案内書』から転載）

菅野の生涯について、地方史ライターの金子全一の書『菅野豊治を語る』（平成14年刊）を基に紹介します。なお、これからの記述は断りがない場合を除き、金子のこの書によります。

岩手から上富良野へ、独立して鉄工所主に

〝菅野豊治は、明治27年、岩手県江刺市に生まれます。12歳の時、父母が上富良野村に開拓入植、16歳の時、近くの鉄工場のでっち奉公になります。24歳で独立して菅野農機具製作所を設立、くわ、マサカリ、山林用具の製作と畜力用プラウの修理をしていました。当時村は開拓途次で、開墾の農具がまだなく、馬力による未墾地のプラウ耕は石や木の根で破損が甚だしく、修理に追われました。

菅野が19歳になり、カリエスを患い闘病生活に入りますが、精神力は強くなり、仕事は続けます。大正15年、十勝岳が噴火、菅野は農地に堆積した粘性の強い火山灰の除去作業を目撃し研究、その後、炭素プラウの作製に成功します。炭素焼プラウとは、金属部の撥土板（はつど）の普通鋼板に炭素を浸透させ板の強度を強め、耕起の際に土の反転を促す画期的なものでした。また菅野は

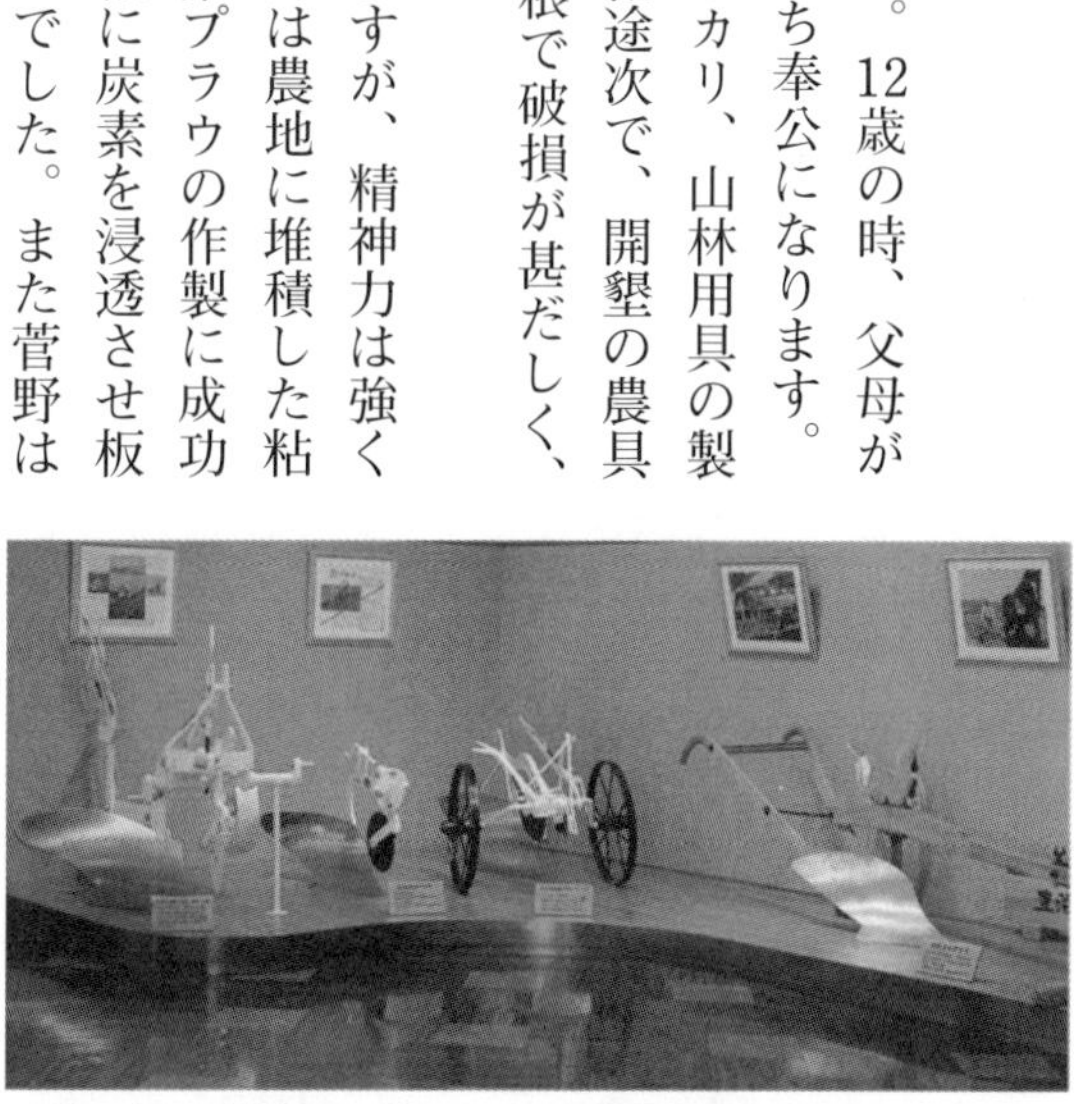
昭和７年以降製作のプラウ（「土の館常設展示案内書」から転載）

研究熱心で、旅先で北海道の水田と畑地の重粘土、火山灰土、泥炭土の各種の土を採取し保存、プラウづくりの研究に役立てます。

ところで、プラウは明治期に北海道開拓使が輸入、北海道の農耕馬と土壌に合わせ改良を進めてきました。大正15年からは北海道農事試験場が比較審査を実施。昭和5年、審査会に菅野は6寸深耕（20㎝）プラウを出品し優良農機具に入選。その後、次々新作を発表し入選します。また松野傳が場長の根室支場主催の審査会に出品し入選、注文が増え製作所は発展します。

北海道農法の採用が決まった満州からもプラウの注文があり、それに応じたびたび満州に出かけ現地を視察しました。そして突然大量の注文があり、上川管内の全ての業者で製作するようにと考え、仲間に声をかけました。当時は小さい工場が多く実績がないため、菅野が指導し製作品を検査し「上川号」と命名して出荷しました。

昭和16年春、日満政府の推奨により、菅野農機具製作所は移駐工場として渡満が決まりますが、農家に貸付けていた代金はこれまでの取引のお礼だとして請求しませんでした。菅野社長以下11人とその家族は吉林市に入り、工場は奥行きが25間のレンガ造で、18年から本格的に出荷します。満州でも審査会があり、ここでも出品し入選、入植者から信頼を得ます。注文が増えだし工場を増築しましたが、一緒に来た社員は次々と応召され、やむなく満人１００人ほどを雇用、１日50台のプラウを製作するまでに発展しました。

20年8月の終戦を向かえ、30日に吉林市にソ連軍が侵攻、満人も加わり日本人は虐殺され、工場のプラウは略奪されます。多くの日本人が助けを求め工場に逃げ込み、菅野たちは炊き出しをします。

暴動を心配していましたが、これまで差別なく満人と接していたためか、満人たちは菅野を守れと叫びながら集まります。しかし日に日に険しくなり、夜陰に紛れて逃げ出すこととし、菅野は皆に青酸カリを配り、また襲撃を恐れ持ち物は一切持つなと指示します。逃避に成功し吉林市の難民収容所に到着。寒さ、飢え、病気により死者が出る中、帰国を待ちます。

工場を再起、トップメーカーに

翌21年10月14日に上富良野に無事帰郷。当然住む家はなく、知り合いの農家の通い作小屋に住み、２カ月後に街に小さな鉄工所を建て再起。ところが朝になって工場前を見るとイモや麦の俵があり、これは渡満前に徴収しなかった代金の無言の厚情と感じ、感謝の気持ちが湧き、工場再起を本格化します。

再起の工場には14歳と15歳の息子しかいませんでしたが、菅野はここからプラウを日本全国に出すのだと言い聞かせプラウづくりをします。操業は次第に軌道に乗り、24年に比較審査会で北海道では最優秀、福島県では優秀に入選。27年に旭川市での日本農業機械化博覧会において、出品７機種が全て入選、品質が認められ金牌受賞の栄誉を得ます。

これらの入選により、菅野のプラウは全国から注文が増え、33年

「土の館」正面
隣に世界のトラクターを展示

「土の館」内の世界の土壌モノリス

に会社をスガノ農機株式会社とします。しかし菅野は40年に急死、72歳でした。現在では、茨城県に主力工場があり、プラウの全国シェアは80％を占め、わが国のトップメーカーになり、平成3年、菅野豊治の業績と深く関わる土の姿を展示するため「土の館」を建設しました〟

この土の館について『土の館常設展示品案内書』（平成6年刊）を基に紹介します。

〝菅野は一時期渡満しましたが、社業の発展は地元の上富良野町民との共存共栄によるものと考え、広く利益還元をするための建設でした。「土の館」は会社近くの丘の上にあり、敷地は5haと広く、3つの展示場があります。第1展示場には菅野が満州から帰国してすぐの鍛冶場を再現、等身大の馬耕のレプリカ、製作した炭素焼きのプラウを展示。第2展示場には、世界から収集した土壌モノリスとすき・プラウを展示。土壌モノリスは深さ1・5ｍの土壌断面の標本で、180点ほどと他に類を見ない数があり、旧満州の標本は4点。すき・プラウは72点で、旧満州のリージャンも展示。第3展示場には、輸入トラクター24点、国産トラクター13点、プラウなど作業機が54点展示されていて世界の土・すき・プラウのほか、菅野豊治の旧満州での活躍とスガノ農機の業績を知ることができます〟

4　小括

3人の記録から、渡満した人たちは現地人との民族融和に努めていたことがうかがえます。この民族融和について終戦時の満州国総務庁次長の古海忠之は書の中で【満州国の歴史を評すれば、日本の国益―侵略的事績と民族協和する理想的国家建設（これも日本民族が欲求した）の事績が縄のように絡みあったものと言えるだろう】としています。そして、満州国建設当初から縄のように【相矛盾する二つの要素を内包していた】と記しています。

次の麻山事件に遭遇した哈達河開拓団の人達も同様に相矛盾していたと言えます。

第6話　麻山事件　―集団自決事件と北海道人たち―

麻山事件は、ソ連侵攻を受けた哈達河開拓団が避難途次に集団自決した地の麻山から名付けられました。戦後、昭和24年の参議院特別委員会で審議され、事件は広く知られるようになります。しばらく後の59年に中村雪子の書『麻山事件―満洲の野に婦女子四百余名自決す―』が刊行されましたが、その中に多くの北海道人の関わりが記されているので、紹介します。

大戦前後の日ソ関係と軍の侵攻

本題に入る前に筆者（高尾）から、満州国に侵攻したソ連と日本との外交と、軍の動きを話します。昭和16年4月に日ソは中立条約を締結。20年4月にソ連は日本政府に条約破棄を通告。同年8月8日にソ連は日本に宣戦布告し軍が侵攻します。これに対し、兵員70万といわれた関東軍は、ソ連軍の侵攻前の19年に満鉄の京図線（新京―図門間）と連京線（大連―新京間）を結ぶ線を防衛線と決め、朝鮮半島を決戦場にするとしていました。これはもちろん軍事機密でした。

20年8月9日、ソ満国境の三方面からソ連軍の兵員175万人が侵攻。狙撃師団（歩兵が中心）80個師団、戦車・機械化旅団40（5250車両）、飛行機5171機の大軍でした。そのうち4割ほどが東部国境から侵攻。空爆を先行させ狙撃と戦車部隊が進軍。進路は完達山脈の東側で、満鉄虎林線（林口―虎頭間、昭和12年11月に開通）の東海駅付近を通過し林口市を目指していました。この進路が哈達河開拓団の逃避路と重なります。

関東軍はソ満国境の東部からの侵攻に備え、虎林線終点の虎頭にトンネルが2本で、総延長が14㎞の要塞を建設していましたが、戦況悪化により主力の火力・部隊は既に移駐していました。そこに兵員

4万人のソ連軍が侵攻、要塞には約１２００人の守備隊がいて反攻するも玉砕したりして、約１００人が生き残って脱出します。ここを突破したソ連軍の侵攻速度は速まり、８月12日に林口県麻山付近で、逃避途次の哈達河開拓団に追い付きます。麻山には、関東軍の野砲１２６連隊の残留４６０人がいて、戦闘になり、麻山事件が発生します。

開拓団と中村の書『麻山事件』の成立

これからの記述は特に断りがない場合を除き、先の中村雪子の書『麻山事件』を基に紹介します。

著者の中村は、大正12年に北海道に生まれます。岐阜に移住し高等女学校卒業して結婚。北満のハルピンに7年間生活、夫は応召し行方不明になります。中村は戦後、名古屋に引き揚げ、これまでの体験から麻山事件に関心を寄せます。そこで、開拓団員で事件に遭遇し、引き揚げて栃木県那須在住で北海道出身の笛田道雄への直接取材と書簡交換により著述を始めます。書の序章の文末には、この書で農民、笛田道雄の半生を詳述しながら、可能な限り正確を期したい、と記しています。

〝昭和10年3月、第4次武装移民の哈達河開拓団の先遣隊が現地に入ります。翌年本隊が結団され入植。哈達河は完達山脈の東側の山裾沿いのソ満国境から40㎞と近く、虎林線（満鉄林口駅―虎頭駅間）の東海駅が最寄り駅で、この入植地は関東軍が選定しました。

団の在郷軍人会に関東軍から匪賊襲撃に備えて迫撃砲、手りゅう弾、軽機関銃などの武器が哈達河小学校に置かれていて、襲撃時は小銃が各自に渡されました。入植地は、既耕地２０００町歩と山林原野合わせて６０００町歩で、各住居区が分散しそれがソ連軍侵攻時の各戸との連絡・避難に手間取らせました。

団には入植者のほか小学校教師、開拓医者などがいて、人口は約１０００人、村長は団長の貝沼洋二が当たり団を統括、その下に出身都道府県別の18区のほか鮮人や満人の区がありました（**図1**）。

団長の下に警備、農事、畜産、健康部門の各担当の指導員がいて、警備は治安担当の在郷将校（主に旧尉官）、農事は農学校出の技術者、畜産は獣医師、健康は医師が当たっていました。団の上部は県公署、省事務所、満州国政府になります〟

集団自決の新聞報道

満州での開拓団の集団自決は、この哈達河以外でも発生しましたが、特に麻山事件が有名になったのは、静岡県焼津市在住の藪崎順太郎が、開拓団にいた実弟が妻子5人を失ったことに疑念を抱き、参議院在外同胞引揚委員会へ提訴したためでした。藪崎は開拓団長が集団自決を強制したとの思いがあり、毎日新聞が取材し記事にしています。昭和24年12月11日付の見出しは「婦女子、四百二十一名刺殺、敗戦直前、東安省の虐殺を参院に提訴」です。

記事は、日ソ開戦直後の8月9日、満州東安省鶏寧県公署から哈達河開拓団本部に避難命令を発出したが、既

図1　哈達河開拓団部落分散図（中村雪子『麻山事件』草思社刊から転載、一部加筆）

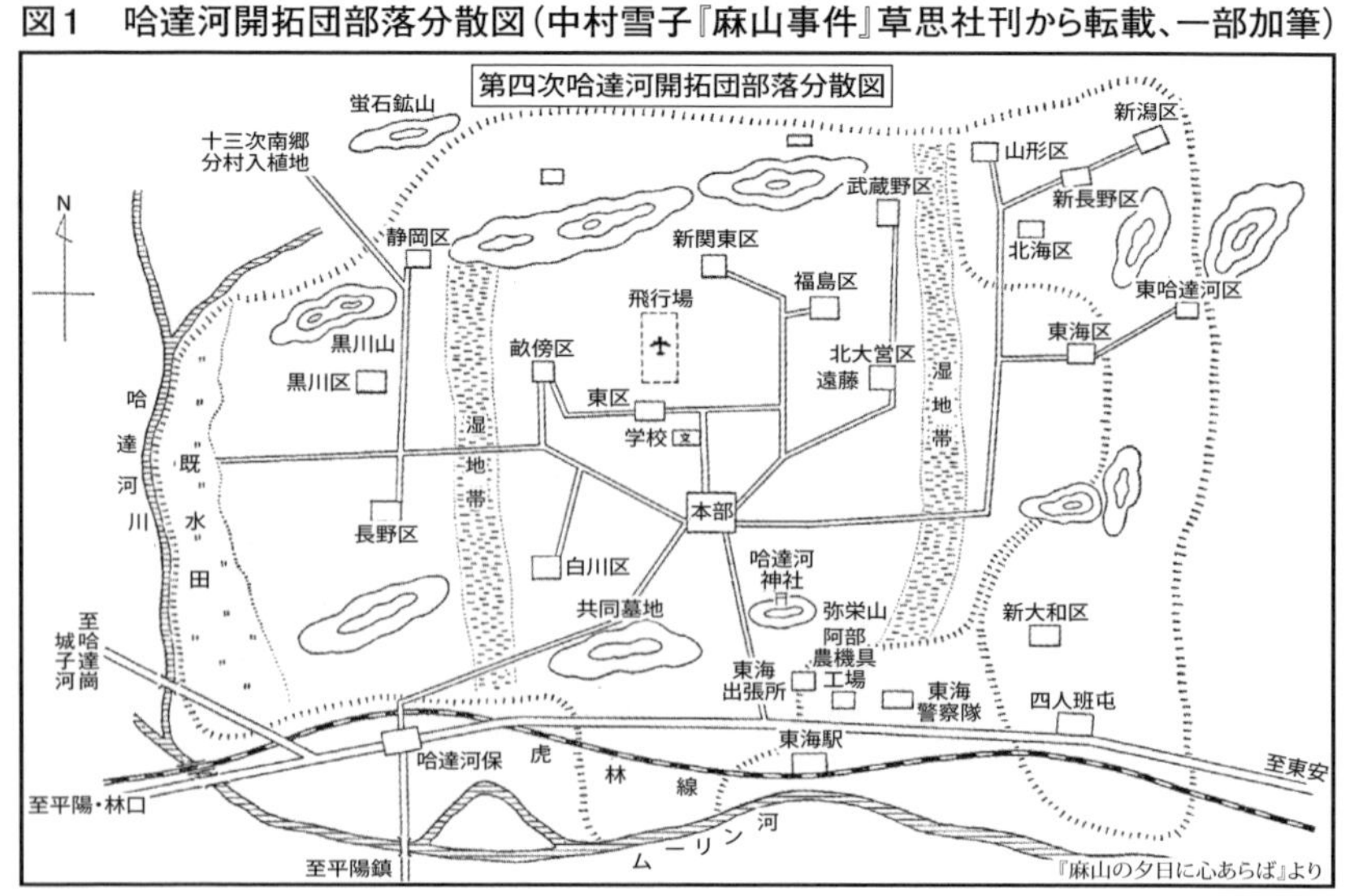

に空襲により混乱の極みに達し鉄道は遮断されていたので、開拓団員約１０００人は荷馬車で牡丹江に向け徹夜で行軍、12日ごろ麻山に達したとき満州治安軍の反乱部隊が襲来、前方にソ連戦車隊があり進退極まる状況になった。団長の貝沼洋二氏（東京出身）は最悪の事態に陥ったと推定し団員の壮年男子十数人と協議、「婦女子を敵の手で辱めるより自決せよ」と午後4時半ごろから数時間にわたって男子十数人が銃剣を持って女子どもを突き殺した。これら壮年男子の過半数は新京、ハルピンへ連行され、シベリアで収容されて帰国していた、と報道しました。

各紙もこれを取り上げ、銃剣をふるっての虐殺事件として、一躍クローズアップされます。しかし事実に誤りや混乱が見られ、参議院特別委員会で取り上げられます。

参議院特別委員会の証人喚問

昭和25年2月3日、参議院在外同胞引揚問題に関する特別委員会で哈達河開拓団実情調査に関する件とし証人喚問が進められます。

まず提訴し証人の藪崎順太郎の証言と質疑がありました。当時は戦後の混乱がまだ治まらず、満州からの生存者の引き揚げはほぼ終わっていましたが、行方不明者が多く情報も不足していました。藪崎の実弟は応召中で、逃避行の妻と家族６人が麻山で集団自決しています。藪崎は、団長の貝沼が、逃避同行の男子に凶行を命じたと訴えます。それは藪崎が、昭和18年に弟のいた哈達河開拓団を訪れ、貝沼団長と面会した際、朝の国旗の掲揚や行事での訓話、枕元に銃器を置いての就寝などを目にし、貝沼が軍国主義者との思いを強め、事件が貝沼の命令で凶行されたと主張します。

これに対し委員から、貝沼に限らず満州では、そのような行動が一様に取られていた、との質問があり、また、現場にいて北海道に引き揚げていた遠藤久義の手紙が読み上げられたりして、貝沼団長が軍国主義者との見方に疑問を呈し、喚問は終えました。委員会は1時間15分を要しました。

先の紙面を読み疑問を投じたのが、事件に遭遇し戦後帰国していた副団長の上野勝（熊本出身）と笛田道雄で、刺殺、突殺とあるが、それは考えられぬこととし、死亡の人数やその所要時間、それに不在だった貝沼夫人まで登場するなどしていたからです。

筆者（高尾）から、貝沼は北大卒で加藤グループの実務者の1人として、既に紹介しています。

『満洲開拓史』の上野、笛田の報告

戦後引き揚げた副団長の上野勝と笛田道雄が参議院委員会後しばらくして報告した『満洲開拓史』（昭和41年刊）から引用します。

【哈達河開拓団は東海駅から北方一・八kmの地点にあり、団長は貝沼洋二、総人口は千二十二人（うち応召百六十七）であった。ソ連軍の侵攻を知り逃避行が始まる。

八月十日：午前八時、開拓団八百五十四人は、百数十台の馬車を連ね、団を出発し避難を開始。この日、虎林線沿線の城子河、鶏寧、平揚は空爆を受けて全焼中であっ

図2　麻山付近の駅名（中村雪子『麻山事件』草思社刊から転載）

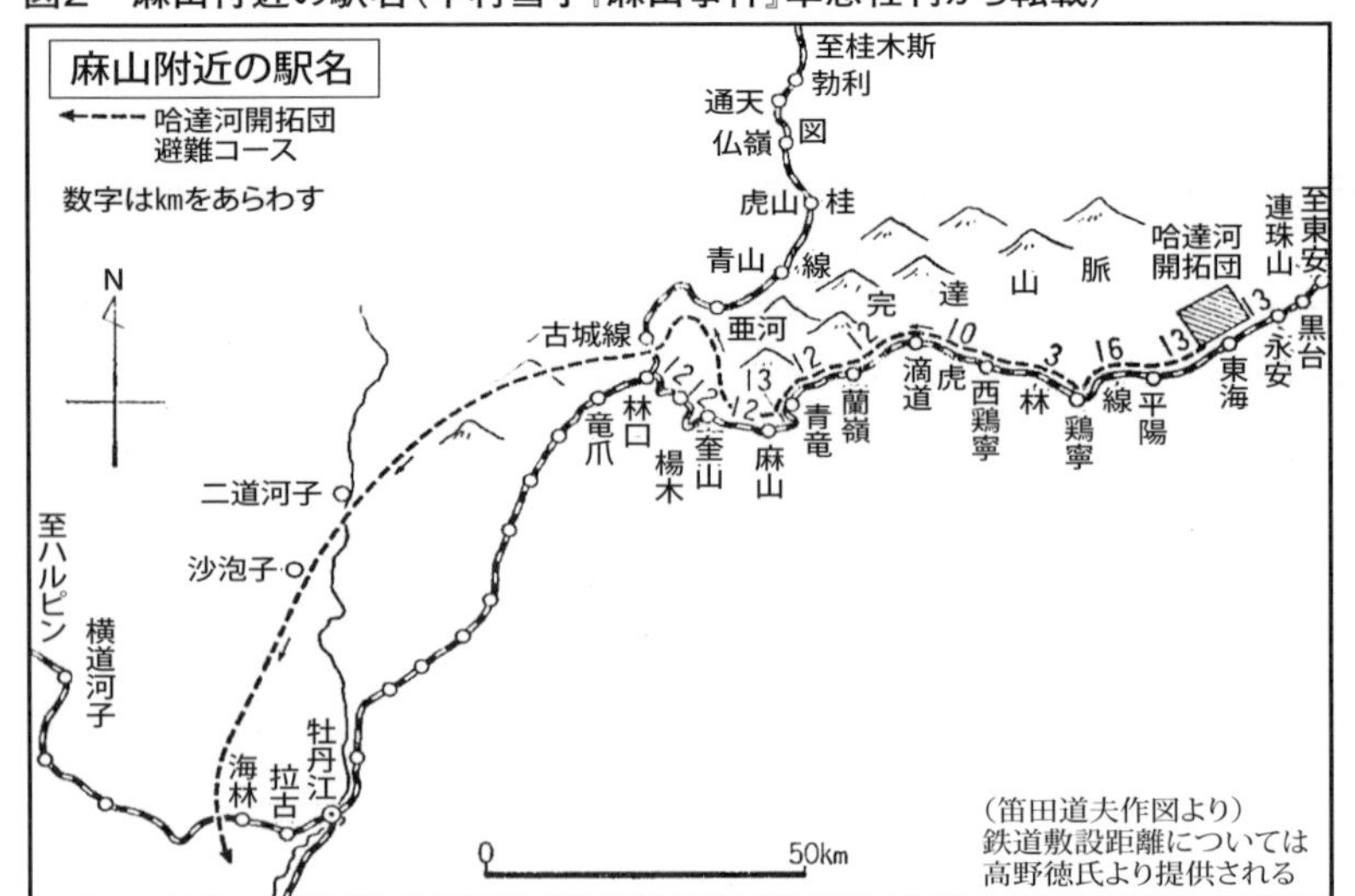

た。

八月十一日：先頭約八十人は、敵道から汽車で避難した。残りは大雨で前進できず敵道と欄嶺間の道路上で夜を明かす。

八月十二日：青竜を過ぎる頃、前方の状況悪化し、トラックを焼却し、最後尾約二百人は山中に退避した。同日正午頃麻山地区に到着した頃、ソ連の戦車隊と日本軍の激戦あり、先頭隊は軍と共に応戦したが、戦死者多く、日本軍は撤退、婦女子約二十人はソ連兵に連行され、他は支離滅裂となった。この情報を中間の本隊の遠藤、吉岡が報告し、協議中後方からの戦車が迫るとの報に接し、進退ここに極まり斬込隊約三十七人を残し、貝沼団長以下約四百六十五人は悲壮極まる自決を遂げた。後方に続いた部隊約二百人は軍の後を追って山中に入った（麻山付近の駅名を図2示します）。

八月十三日：朝、斬込隊は日本軍と共に戦闘に参加したが、日本軍全滅の状態で、斬込隊約二十人は兵三人と共に山中に入った。

八月十四日：朝、先頭の七人と合流した。

八月十五日：途中から日本軍と共に林口北方を突破した。

八月十八日：牡丹江の陥落を知り、森林鉄道に沿って横道河子に向かい、勃利方面からの難民と合流。

八月三十一日から九月二十日まで海林収容所、九月二十日から十月十日まで拉古収容所、十月十日に新京まで南下した】

事件前の哈達河開拓団

中村の書『麻山事件』に戻ります。

昭和16年の太平洋戦争開戦により、日本は「戦時緊急経済対策要綱」を公表。18年には満州国の食糧供給拡大のため日本の国家総動員法にならって街村制（部落制）を強化、開拓団が生産した農産物は各戸供出から、哈達河では18の区単位でまとめ、村に供出することになりました。団長は村長に、屯長は区長に名称が変わり、各長は供出の責任を負うことになりました。哈達河では満人や鮮人の村落が混在していましたが、全村民一体となり供出することになりました。20年に入るとさらに強化され、裸供出といわれた生産者の種子以外は全てを供出し、改めて各戸が配給を受けることになりました。

このように満州においても食糧供出が強化されましたが、戦争の激化により応召者が増え、労力不足を来し、満人への小作や雇用が増えます。政府は生産物の隠匿に対し、警察権を行使し家宅捜索を強行。先の上野勝は区長だったので満人たちに日本の団員と差別なく配給するよう要請しています。しかし満州在来の穀物商の勢力が強く自由取引（ヤミ取引）が横行し、戦時統制経済体制強化が、逆に開拓団の結束を強めます。

ところで笛田は、13年に東京出の看護婦と結婚。20年3月に軍から召集があり身体検査の結果、不合格となり哈達河に戻りましたが、その後ソ連軍が侵攻してきます。

哈達河開拓団の逃避行、麻山到着まで

ソ連軍侵攻により哈達河開拓団は大混乱に陥ります。昭和20年8月9日、哈達河は未明から国籍不明機が飛来旋回し去ります。不穏を察知した貝沼団長は県公署に電話するも不通なので、警察署に出かけたところ、8日にソ連が宣戦布告したとして、避難指示を受けます。貝沼は団本部に戻り、村民に自宅待機をして次の連絡を待つよう記した封書を職員に渡し、各区長に配布するよう指示。夜になって団長は各区長に、日本人のみに引き揚げ命令が出たこと、日本人は準備を整え馬車で近くの鶏寧駅に集合することの2つを指示。この際、貝沼は残る満人と鮮人の区長に、倉庫に保管の農産物は皆で公平に分配するよう要請。また大型の武器や書類を取り急ぎ処分します。

先の指示を1日かけて広い団の各区長宅に連絡。その後新しい連絡事項が出て、各区長は青年学校生の納富善蔵から連絡を受け取ります。それは、1日分の握り飯、夏物と冬物の衣服、炊事道具、白米などを各自用意し、馬車で明朝、団本部に集合するようとの指示でした。

笛田は八雲町出身ですが、東京の友人に頼み東京出身としていたため武蔵野区に居住していました。そこは団本部より６㎞ほどの距離でした。笛田は妻に避難の準備をさせ、男が少なくなった応召者（15歳から45歳が対象）の留守宅などに連絡し戻ります。２台の馬車の用意を終えたのは、夜明けでした。

８月10日、寝ていた子どもたちを起こし馬車1台に乗せ、もう1台に荷物を載せ妻が御（ぎょ）します。応召留守家族と共に本部に急ぐも集合時間に遅れます。他の団員は既に出発していて貝沼団長からしかられ、県公署のある鶏寧駅に向かうよう指示されます。団全体では馬車１８０台、１３００人の隊列になっていましたが、笛田ら一行は出遅れたため隊列の後方になりました。

その隊列の中に北海道実験農家の横関はる子がいて、病身の夫義春を連れ、扱いづらい2頭立ての馬車をはる子が御し、遅れまいと手綱を操ります。途中の平揚駅は軍駐屯地のため空襲により破壊され、そこを通り過ぎます。「遅れるな」「間隔を詰めろ」「隊列を離れるな」の声が飛ぶ中、鶏寧市街の手前に差しかかったところ、川の鉄道橋は空爆により通行が不能。敵機が再び来襲し、「退避、退避」の声で畑に逃れるも馬は撃たれ、笛田と横関はる子の馬はそれぞれ1頭になります。それでも婦人と子が多い一行は徒歩で進み、燃えさかる鶏寧の街に着きます。県公署の役人と警察官は既に列車で避難し不在、貝沼団長の一行は、85㎞先の林口市を目指すことにします。その時、小雨が降り出していました。

８月11日、雨は本降りになり寒さが増し、逃避行の老人、婦人、子どもの肌に冷たさが刺しだします。道路はぬかるみ、歩みは遅く、隊列は乱れ、先頭と最後部は12㎞ほど離れます。手綱を握る手はかじかみ、暗闇の中で前のわだちの音を頼りに進みます。故障する馬車が続出、暗闇で谷間に落ちる者が現れだし、背の子は寒さと飢えで死亡。この日遭遇した県公署の役人から在郷軍人全員の招集令が発出されと口頭で伝達されます。

8月12日、道はぬかるみ馬は弱りだし、歩く者が増え、荷物は投げ捨てました。笛田は、貝沼団長に林口に着けば汽車に乗れるのかと問いただすも、団長は一刻も早く着かなければと弱々しく答えました。昨夜来から次々とほかの開拓団などが列に入りだし、笛田の一団は、また遅れ最後尾になります。

11時頃、麻山に到着、ここで、農事指導員の高橋秀雄が運転の銃器などを積んだトラックが来ましたが、進めないので馬車に積み変え時間が取られます。食糧の分配があり小休止していましたが、そこに伝令の先の青年学校生の納富が来て、前方に優勢な敵軍が進出中で、応戦のため日本軍が待機しているので男子は軍に協力すること、ガソリン缶が多く載っていたトラックはすぐに焼却し女子は退避のこと、と伝達があります。このときの哈達河開拓団の隊列は、前後4㎞に伸び、3隊に分かれていました。笛田は最後尾にいましたが、前方200m先の道路から、離れた山あいに待機している400人ほどの隊列の最後尾を見つけ追い付きます。この一団から1㎞先に貝沼団長の一団がいました。

軍から護衛は断わられ脱出を断念

ぬかるんだ道での3日2晩の強行軍により衣服は汚れ、貝沼は疲労困憊（こんぱい）の中で安全な逃避について思いを巡らせます。そこに先夜開拓団を追い越した軍部隊が戦闘で敗退し戻って来て、この先にソ連戦車隊がいて前進ができないので、この高い山を越え牡丹江方面に転進すると伝えられます。ここで貝沼団長は軍に開拓団の護衛を依頼しましたが、断わられます。

貝沼団長は銃声の中、納富ともう1人の伝令に後方の別の軍部隊を探し護衛を依頼するよう指示。2

人は馬で進み、途中笛田らの一行に遭遇し状況を話した後、納富らは10㎞ほど走り軍部隊に遭遇し護衛を頼みますが、軍に開拓民保護の任務はないと断わられます。何度も頼みますが、断わられ諦め引き返します。その途中で馬１頭が撃たれ、納富は１頭で急ぎ戻り団長に報告。

その時、山の斜面から急に２人の男が降りてきて報告があります。１人は遠藤久義（戦後、千歳に引き揚げ、参院に手紙を提出）で、この場を立ち去るに際し妻と子３人を撃ち介錯。もう１人は吉岡で、納富の父で、この後の逃避途次で死亡しました。この２人は２００人ほどで先頭集団をなしていましたが、突然ソ連軍の攻撃を受け死亡者が出て四散、80人ほどの婦女子がソ連軍に連行されたと貝沼団長に伝えます。

貝沼団長は納富ら３人を連れ偵察のため山を登ります。軍の動きは見えませんが砲声の音はやまず、前方にはソ連機械化部隊がいて、後方からは戦車軍が迫り、日本軍さえも敗走するこの状態の中で、脱出する道は断たれたと判断しました。

書の現場付近状況図を示します（図３）。

集団自決の決行

貝沼団長は皆の所に戻り「各自がバラバラで脱出するか、最後まで行動を共にするか意見を聞かせて

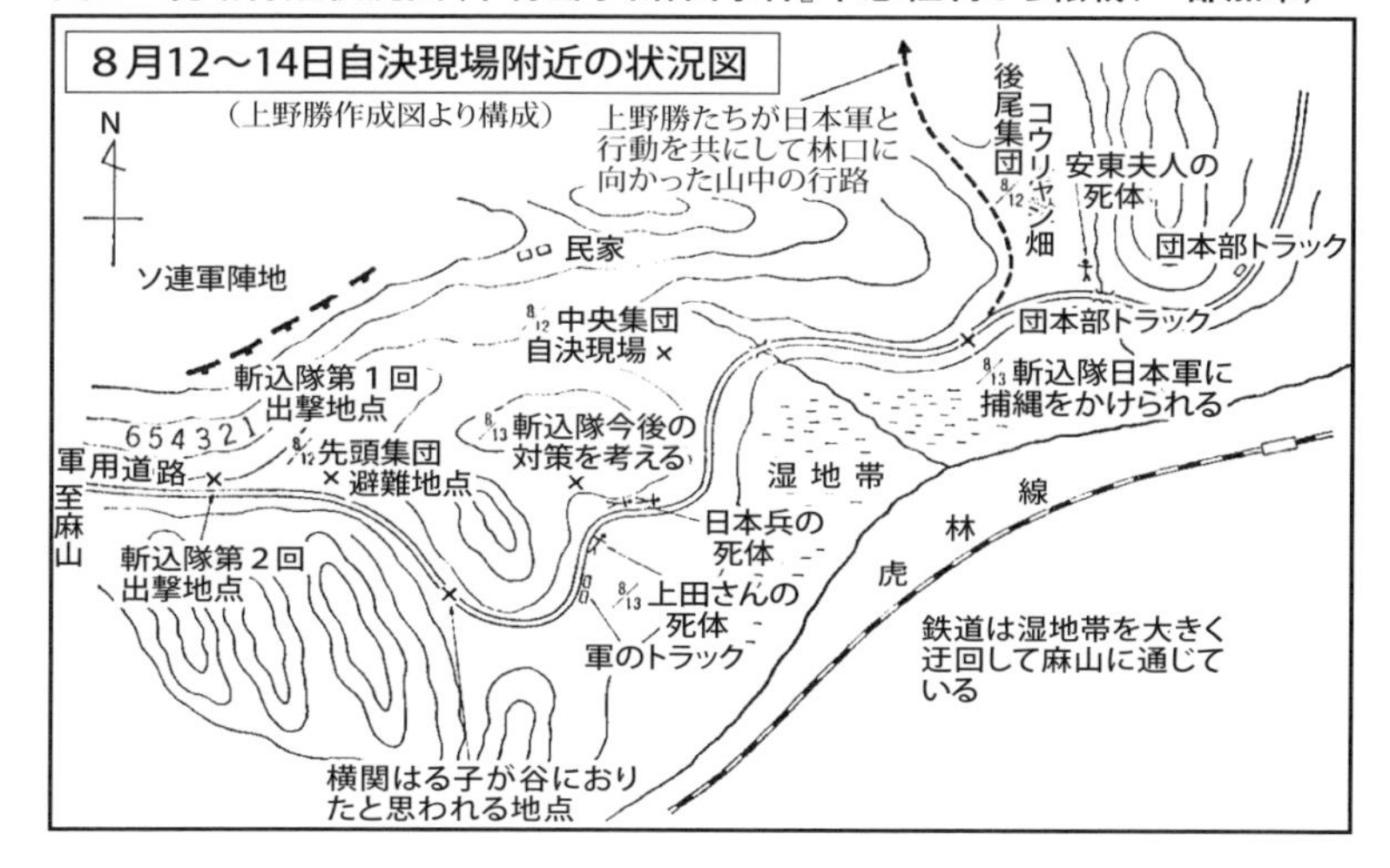

図３　現場付近状況図（中村雪子『麻山事件』草思社刊から転載、一部加筆）

ほしい」と叫びます。すると、おえつと号泣が津波のように広がり、次々と自決しようとの声が上がります。あちこちで、同じ開拓部落の者同士の円陣ができ自決に備えました。団長は最後の断を下し、「今となっては死ぬのが最善の方法と思う…捕虜となって辱めを受けるよりは自決の道を選ぶのが祖国に復帰する最善の道であると思う。しかし、男子は一人でも多くの敵を倒して死ぬべきであるかもしれない。最後まで行動を共にできないのは残念だが、そうすることが日本男子の義務でもあろう」。また貝沼団長は納富ら青年学校生に自決が終えるまでの警備を指示。貝沼団長の回りの皆が集まり凶行に及ぼうとした時、1人から斬込隊結成の声が上がり男たちは賛同。そして東方遙拝、万歳を三唱し、右手に持った拳銃で自らのこめかみを撃ち、また女子と子どもは、男子20人ほどの銃と銃剣による介錯により421人が死亡。これに要したのは、1時間ほどと納富は証言しています。この中に、団員の逃避行を助力し同行した満人がいて、その1人が「引きとめたものの同調し自決。団長のこれまでの温情に応えた」と言います。凶行後、男たちと青年学校生らは斬込隊を結成します。

警備をしていた納富は、後方のコウリャン畑にいた笛田らの一行に自決の始終を報告。妻子の自決を知った農事指導員の高橋秀雄が納富に「誰がやったか」と詰め寄ります。そこにいた女たちから「ああ、これで死ねるわね」の声がしました。笛田の妻米子は「あなたもうこれが最後ですよ」などと決断を促します。笛田は苦悩し、高橋秀雄に助けを求めますが断られ笛田は銃口を向け凶行。この時、笛田はソ連参戦の連絡がもっと早ければと述懐します。この高橋は北海道出身で、集団自決で2人の娘が生き残り、数奇な運命をたどり広尾町に引き揚げてきます。

この書で、集団自決に至ったのは、①開拓団男子に口頭だが召集令が出されたこと②麻山が戦場になっていたこと③生きて虜囚の辱めを受けずの戦陣訓が皆に浸透していたこと―としています。

婦女子の斬込隊を阻止した開拓医

婦女子を含む斬込隊を結成しソ連軍と戦うことになりました。この時、開拓団医の福地靖が、婦女子を含めての斬り込みはしてはならないと訴えます。この訴えに１５０人ほどが同意して、別途一隊を成し山中に入り逃避します。このうち戦後引き揚げたのが20～25人、現地人と結婚もしくは養子になったのが10人ほどで、残りは死亡もしくは行方不明と伝えられています。

訴えた福地は余市中学卒業後、医学校を出て哈達河の開拓医になりますが、終戦時は42歳で独身。中学同級生に作家の島木健作がいて、島木は昭和14年発表の『満洲紀行』の中に福地医師に触れた部分があります。満州の開拓医は本土から派遣する制度があり、たいていは1年ほどで変わりますが、福地は団開設以来勤続、その性格の強さは尋常ではない、と記しています。福地は逃避行の中で出会った人がいましたが、結局は行方不明になっています。

話を斬込隊に戻します。

二度ソ連軍と対戦するも、武力差は大きく戦死者が出て、攻撃を諦め、隊は解散、小さい隊に分かれての逃避行が始まります。

北海道人たちからの取材

中村雪子は『麻山事件』の執筆に当たり横関はる子に書簡を求め、その正確を期すため笛田道雄とボリビア国に移住していた上野勝に見せ、修正を依頼します。しかし時が経過し、戦場の中で逃避集団が3つの隊列に分散し、各自は逃避行が精いっぱいであったため書簡間の整合性がないところが多く、既存の出版物と先の手記から補正しています。困難を極めたのは集団自決の部分で、その著述に6年を要した、と記しています。

なお著作に当たり、次の手記と寄稿などで補正したとします。

①手記：『麻山』開拓団副団長の上野勝著、『私の六十五年』警察署長の木村辰二著。書簡類は横関はる子、納富善蔵、高橋秀雄、笛田道雄ほか。笛田の『哈達河詩集』。

②寄稿本：『麻山の夕日に心あらば』大平壮義編著（女教師の岡崎〈旧姓畑〉スミほかが寄稿）。『麻山と青年学校生』（納富善蔵ほかが寄稿）。

ここで、事件に遭遇した貝沼団長以外の北海道人たちの生い立ちと戦後について、引き続き中村の書『麻山事件』から紹介します。

笛田道雄　事件のほか北海道農法や満州の生活などの取材に応じています。笛田の父は明治40年に群馬県利根郡赤城根村から、尾張徳川家が開拓した北海道八雲町の赤笹地区に小作農家として入植し、45年に道雄は次男として生まれます。一緒に入植の同郷人は営農に失敗し皆が離村しましたが、父は残ったものの多額の借金がありました。当時の八雲は、片栗粉が特産品になり原料の馬鈴しょが盛んに栽培されていました。父は一気に借金を返済しようと小作地4町歩全部に馬鈴しょを作付けますが、価格が暴落し、逆に借金は増えます。困り果てた父は、家族を残し沿海州（現ロシア領）に山林伐採人夫として出稼ぎをします。留守の間、借金の取り立てが厳しく徳川村落の中で少数派の笛田は、弱者への圧力の強さを思い知らされます。しかし父は大金を得て帰り借金を返済、それが部落民の羨望（せんぼう）と疑心を生み、少年笛田は弱者相食む醜い人間模様に悲憤します。

八雲は青少年教育が熱心な地で、笛田は小学校を卒業して家業手伝いの傍ら青年会に入ります。青年会では札幌農学校卒の人からキリスト教的人道主義を教わり、また私塾の夜学で学び、農村改革運動家と交わります。八雲メソジスト教会で受洗し賀川豊彦のキリスト教社会主義に共鳴しますが、現実はあまりにも厳しく、農本主義者で農村改革を唱えていた茨城県水戸の橘孝三郎に傾倒します。しかし橘は五・

一五事件で無期刑に処され投獄、また橘の国内改革論では耕す土地のない農村の次三男の問題は解決できないとの思いがつのります。今度は加藤完治の農村青少年を満州開拓に送り出すとの考えに傾倒、笛田は渡満を決意。笛田は生来の強い向上心を持ち、八雲での学びが生涯を貫くことになります。

笛田を育てたのは、まさに北海道であったと言えます。渡満を決意しましたが、北海道庁が満州開拓団員の募集を停止していたので、東京の友人宅に籍を移し、昭和８年に加藤完治の日本国民高等学校に入り、修了。渡満して同じく加藤完治が設立した奉天市北大営の国民高等学校ハルピン分校に入り半年間の訓練を受けます。昭和10年に先遣隊として哈達河に入り、後に本隊と共に入植しました。その後の笛田は、先に記しましたが、北海道農法を導入せず、満州在来農法により篤農家になっています。

笛田の麻山に戻ります。事件後、斬込隊に入り夜間に敵と戦いますが猛攻に遭い退避、麻山から完達山脈に入り、敵に捕まるのを避けるため徒歩で逃避。歩けなくなった婦女子に遭いますが、いつの間にか死を決意したのか遅れはぐれます。道端に子どもの死骸がゴロゴロあり死臭を放っていました。９月の末に山中で日本の無条件降伏を知ります。その後、警察隊から収容所行きの指示があり、牡丹江から海林、また牡丹江の収容所を経て21年９月に引き揚げます。

引き揚げて青森、伊豆に入り、26年６月に栃木県那須塩原市の北那須に入植します。北那須など那須高原には戦後20ほどの開拓団が入植しましたが、笛田の地区は70戸。標高は６００ｍと高く寒冷で作物の作付けは制約を受けましたが、開拓に成功し再婚します。笛田は麻山を忘れることができず、昭和54年１月、麻山の遺族や関係者が多くいる北海道の旅に出ます。

笛田の詩集『哈達河詩集』の「赤い夕日に祈る」に次の一節があります。

麻山の谷に遺し来し　いとしき妻や師や友や　この悲しみを聞くならば　未明の道に迷うべし

高橋秀雄　麻山の集団自決で生き残った２人の息女と奇跡的な再会を果たします。北海道広尾町で酪農業を営みながら産業組合常務理事に就任しました。昭和16年3月に満拓の農事指導員として赴任、東安省の農産物交換所長に就任し、哈達河開拓団のある鶏寧、林口、勃利の各出張所の指導員を兼務。17年に妻子5人を迎え東安市に移りますが、隣は哈達河開拓団長の貝沼宅でした。

20年に農事指導員になり哈達河開拓団入り、末娘が誕生。ソ連軍侵攻時には妻子は先に団と共に避難しましたが、高橋は貝沼団長の指示を受け、後続の婦女子と共に逃避を始めます。麻山の8月12日は、隊列の後尾集団にいて貝沼のいた中央集団の偵察に行くと自決事件を目撃した伝令の納富善蔵らから妻子の死を知り、高橋は「誰がやったのか」と激怒したものの後尾集団に戻ります。

高橋は斬込隊に入りますが、突撃に失敗し各自が四散し逃避、10歳年下の笛田と長い逃避行となります。ハルピンの収容所に着き、死んだはずの娘2人（10歳と7歳）の生存の噂を聞きます。

ここからは、当時10歳だった幸子の手記を月刊誌『ダン』（昭和53年8月号）の寄稿文から引用します。

【8月12日、麻山の谷に着くと突然、機関銃の爆音が響き、貝沼団長は皆を静め、「逃げられない」などとの後に団員の婦人から「自決しよう」の声が上がり、貝沼団長は自決した。白い布を渡され目隠しし、在郷軍人など30人が銃で421人を射殺、幸子と政子の2人は母の下敷きとなる。その3日目に満人の張学政が現れ、生存の7人は馬車で青竜の張宅に連れられる。7人のうち5人は近所の人が預かり、残りの2人を引き離そうとするが中々離れないので姉妹ではとなり、2人は張家が預かる。日本人がいるとの噂になれば殺されると恐れ、2人には中国名を名付け、日本語を忘れるよう言われていた】

中村の書『麻山事件』に戻ります。高橋は、麻山から逃避してハルピン収容所に着き、息女2人の生存を知ります。新京から改名した長春で、満拓が残務整理しているとの噂を聞き、11月初めに出向き退職金の半分ほどを受け取ります。

帰ろうとしましたが、八路軍と国府軍の衝突によりハルピンに帰るのに日時を要しました。ようやくハルピンに戻りますが、今度は国府軍に使役され、病気になり放逐。西本願寺の収容所に入り養生と病院の入退院を繰り返し、21年8月に牡丹江に着きます。牡丹江では国共内戦によりなかなか旅行許可が下りず、23年8月にようやく許可が出ます。子2人の喜びそうなお菓子を買って、噂の青竜の張宅に着きますが、張は不在。幸子らは「日本人は人殺し」で恐ろしく、父の顔は忘れていたため2人はすぐに奥に隠れました。帰ってきた張に引き取りを交渉するが不調に終わり、諦めて帰ります。翌年6月再び青竜を訪れ1週間をかけ交渉、張夫人の説得により引き取りが決まります。しかし2人は帰るのを嫌がったため麻山の事件現場に連れ出します。そこには中国卍会の方々によって、白骨が幅1・5m、長さ5mほどに集められ土盛りしてありました。3人で母、兄、妹の名を呼び泣きながら祈りを終え、やっと牡丹江の帰途につきます。

しかし国共内戦後に成立した新中国と日本には国交がないなどして引き揚げは中止となっていました。再開したのが昭和28年5月で、高橋は広尾町に帰り、役場に勤めた後、商店を経営します。幸子は結婚しますが49年2月に夫が死亡、2人の子を連れ父の商店を手伝います。妹の政子は帯広の人と結婚します。

岩崎スミ（旧姓畑）　昭和16年に渡満し哈達河尋常小学校の教師でした。畑家は屯田兵として入植し、スミの兄勇は岩見沢の高等国民学校（尋常高等科卒業者が対象）を卒業して、北海道実験農場員として哈達河開拓団の北海区入りますが、そこは笛田の家と近く、親交を深めていました。そしてスミは結婚して岩崎姓になります。

8月9日、出張先でソ連軍侵攻を知り、スミは帰るため急きょ列車に乗ります。ソ連軍襲撃に遭うも逃避を続け、途中で哈達河開拓団が既に避難したと知らされます。この後、牡丹江、ハルピン、新京で幾度の危機を脱し南下、21年に引き揚げ、北海道由仁町で農業を営んでいました。

スミの兄と親交のあった笛田に、教え子たちが遭遇した麻山事件についてたびたび苦悩を訴えていました。著者の中村雪子はそれを知り昭和50年6月に青年学校生だった納富善蔵の同席を得て、スミに取材します。

スミの担任の1年生45人は、校下が広く通学に支障を来すため児童の一部は寄宿舎生活を強いていました。授業を終えたスミは寄宿生の面倒を見て、一層いとおしさがつのっていました。そんなスミは麻山事件の教え子の生存を知り、矢も楯もたまらず北海道民政課を通して、北京紅十字会に調査を依頼します。ようやく昭和55年7月、「日中友好手をつなぐ会」の人々と共に残留孤児慰問のため訪中、哈達河尋常小学校時代の生き残りの教え子に遭うことができます。その時の様子はNHKテレビが取材し放映。遭い別れた時、スミは感激し詠んだ歌があります。

むせび泣き　汽車追いかけて来孤児の群れ　目をつむれば又泣く声きこゆ

この再会後に新潟区在住で、奇跡的に難を逃れた残留孤児の馬場周子（中国名：呂桂芹）から著者中村に中国文の書簡が届きます。麻山での動きは先の高橋幸子とほぼ同じで、残留孤児に至る経過が記されています。

【麻山で進行が止まり、母の勧めでお菓子などが食べていたが、母が食べませんので心配になりました。母は涙ながら皆で食べるように話をした。その時一人の日本の将校が、我々は前進も後退もできない。皆さんどうしますかと言うような話をします（将校と見えたのは貝沼団長）皆は上官の命令に従って最後まで戦い、死んでもソ連の捕虜にならない、生きるも死ぬも皆一緒だと言った。そのうち母が食べなかったのが判り、しばらくして鉢巻が配られ見隠しをしたのち、母が子四人を抱きしめてから銃声が聞こえた。相当の時が過ぎ全身がとても重く感じました。

やっと体の上に重なっている人を押しのけ這い出すと八人がいました。一人は足を骨折した学生で、七人が子供。そこに三人のソ連兵が来て子供達がうずくまり、私は目を閉じていました。一人のソ連兵が私をつまみ起したが、ブルブル震えていた。ソ連兵は学生を殴り殺していました。そこに品物を拾っていた一人の中国人が通りすぎようとしたが、ソ連兵に呼び止められます。ソ連兵が馬車を曳いてきて、品物と私達をつり上げのせ、中国人に鞭を渡し、身振りで立ち去るようにしました】

この中国人は、後で分かりましたが張学政で、張は馬を御し青竜の家に着きました。60過ぎの呂おばさんが血だらけの子の中から周子を選び引き取ります。呂の家は部落の中では一番貧乏で食事に事欠く有様でした。14歳の時、老夫婦は死亡、さまざまな曲折を経て、現在の夫の王世清の家に引き取られ、17歳で結婚します。

この周子と同じ残留孤児になった人がいます。北海区の北海道実験農場の佐々木良一（7歳）は昭和35年頃、また新潟区の川又礼子（7歳）は45年頃、2人は死亡したと伝えられています。残り2人は、北海区の北海道実験農場の滝沢麗子（7歳）と新潟区の川又礼子（7歳）で、行き先や生死は不明です。

生き残った7人のうち、4人の父は応召され、高橋は子2人に再会し引き揚げ、もう2人の父は牡丹江付近で死亡。いずれの母親も麻山で死亡していました。

納富善蔵　長崎の出身で、一家は12年2月に哈達河開拓団に入植しましたが、もし渡満しなければきっと一家は原爆で死亡していたと回想しています。納富は渡満してすぐ小学校に入学、学校から遠いため寄宿舎生活をして卒業、併設の青年学校に進みますがソ連軍の侵攻に遭遇します。麻山では貝沼団長直属の伝令で自決を思い立ちますが、団長のこれまでの温情から惨状を伝えようと思い直し山中に逃避。しかし哈達河で母を失い、麻山では先頭集団にいた弟妹3人を、また避難途中で父を失います。暗闇の山中では死んだはずの団長が出てきて先導、また、たびたび遭遇した死線では団長が守ってくれた、と述懐します。

牡丹江から吉林間の山中を40日かけ歩き、舒蘭県の水田耕作の下金馬開拓団にたどり着き助かります。

農業手伝いや八路軍の使役に出ていましたが、21年8月31日、帰国のため団を出発、10月18日に引き揚げ港のコロ島に到着。引き揚げて、貝沼団長が研修に行かせると約束した地の北海道釧路で酪農を営み、牧草栽培で実績を上げ篤農家になります。

遠藤久義　遠藤は長崎県出身。笛田と同じ加藤完治の奉天北大営の国民高等学校ハルピン分校から哈達河開拓団に入ります。麻山では先頭集団にいて、妻と子の5人を失い、後に笛田らと斬込隊に入りますが、死に切れなかった、と述懐。引き揚げて長野で過ごしていましたが、緊急制度の開拓団の募集に応じ千歳市に入植。配分の7町歩のうち3町歩を人力のくわで開墾します。新たに妻を迎え子をなし、幸せの中でしたが、麻山で失った妻子への思いは断ち切れず苦悩したとのこと。なお、遠藤は25年2月の参議院委員会に手紙を送ります。

横関はる子　明治42年に北海道で生まれます。徳島県人で美幌町の開拓者の横関義晴と結婚。義春は南米移住を目指しましたが、はる子の両親に反対され、満州の北海道実験農場の募集に応じ、昭和16年4月に子5人と共に哈達河開拓団に入植。義春が腎臓病と肋膜炎に罹患、東安市と故郷の高松市の病院で4年間入退院を繰り返し、はる子の満州は悪戦苦闘でした。

農作業のできない義春に変わり、はる子は子どもを負ぶって馬を使っていましたが、彼女を知る人は、はる子は背が高く体は引き締まっていて、歯切れの良い口調から激しい気性と見られ、だから厳しい労働に耐えられたと回想。まさに女傑と言えます。

幸い長男の静一は親思いの子で、20年4月になり、遠い千振農学校に入学が決まり、はる子が千振まで送ります。それが静一との別れになりました。帰宅しましたが、はる子は過労で倒れ働き手がなくなり、農作業は隣の親子が代わりにしてくれていました。8月9日ソ連軍の侵攻を知り、逃避行が始まります。出発が遅れたため、笛田のいた最後部の隊列になり逃避します。

12日、はる子は病身の夫・義春と４人の子と共に麻山に着き中央集団にいましたが、大休止になり、皆の米を炊くため沢を降り川へ向かったところ、ソ連軍の急襲に遭い戻ろうとします。しかし銃撃は激しくなり、一歩も前に進めず、長い間身を伏せ近くの沢に退避します。13日になり、自決を知り自決場所に向かいますが近寄ることができません。斬込隊に殺してくれと頼んだりしていたところ、子らの死と義春が暴徒によって殺害されたと聞きます。しかしこれらは目撃情報ではありません。残されたはる子はこの後、拉古避難民収容所入りし、そこで病身の貝沼団長夫人と再会し看護をしますが、移動の指示が出て、夫人を病院に残しハルピン、そして新京の収容所に入ります。11月から翌年６月まで朝鮮人家庭の家政婦をしていて、寒中に多くの日本人が死ぬのを見ます。

昭和21年に山口県玖珂郡玖珂町に引き揚げます。22年に再婚し、はる子は少ない土地を開墾し牛を飼い、夫は山に猟に出ていました。ところが41年に夫は病死。はる子は息子の静一と義春の消息を笛田など帰国者に訪ねますが確たる情報は得ることができませんでした。著者の中村雪子と双方が自宅を訪れ、夜通し語りあったとのことです。

上野勝　貝沼団長の死により急きょ副団長になります。戦後は『満洲開拓史』への寄稿や参議院証人喚問がありました。上野は熊本八代郡宮原町の出身で、宮原は山合の村落で耕地は狭かった。そこで上野は南米移住を希望しますが反対され、11年に哈達河開拓団に入植。27歳の時、21歳の花嫁を迎えます。麻山では斬込隊の分隊長になりますが、一夜明け敵が優勢なので撤退を主張します。隊から分かれ逃避中に、麻山で集団自決したと思っていた妻子が突如現われ再会し、ハルピンの収容所にたどり着きます。満拓の開拓団の救済資金を新京で受け取った帰り道、日本人狩りに遭いシベリア抑留と八路軍の使役を経てハルピンに戻ります。しかし身重であった妻は、子を亡くしていました。昭和21年10月に引き揚げ、後の33年にボリビアのサンタクルス市から１３０㎞奥に入植しミカン園を経営。奥地なので郵便物の受け取りはサンタクルスまで往復しますが、著者の中村雪子の問い合わせに対し、克明に書いた分厚いノートを郵送します。

惨事には不透明な点が多い

著者の中村は、集団自決の稿の執筆に6年余を要し、不明な点が多いと次のように記しています。

銃砲声と走る機銃弾の下で、瞬時にして1000余人の生死を分けた哈達河開拓団の麻山には、当然のことながら謎が多くあります。その上、後に当事者それぞれの屈折した心情が微妙に絡み合って、一層その陰影を複雑な色濃いものにしています。

また、戦場となった麻山には解明し得るような麻山はない。そして、笛田、横関、納富ほか事件に遭遇し生還した者との書簡を往復するなどして突き合わせをしたが、不透明は不透明、謎は謎としつつ羅列するのが、真の麻山と考えている。時を過ぎた今、事件の完全な解明には至らない。

開拓団の死亡率は極めて高い

筆者（高尾）から補足します。事件による死者は、421人とする説が有力ですが、笛田のように事件後、離れた所での妻の死が含まれるかは不明です。また取り残された孤児の数も明らかになっていません。この書は事件からしばらくして発表されましたが、作者の指摘の通り不明な点が多くあります。

そして、満州開拓団の死亡者は、義勇軍を合わせ約8万人で、これは、現在の厚生労働省のホームページの8万人近くとの発表と一致します。終戦時の昭和20年8月の在満の開拓団員と義勇軍合わせて約28万人といわれていて、その死亡率は29・6％になります。これに対し、同時期の在満の一般邦人は約127万人、死亡者は約10万人で、死亡率は7・8％。開拓団員等は一般邦人の3・8倍の死亡率で、日本軍から置き去りにされた過酷さ、悲惨さをうかがうことができます。
次の第７話に戦後、麻山で墓参した北海道の原正市の技術協力を記します。

第7話　新中国に稲作技術を伝えた原正市

満州国時代、北海道から稲作技術が持ち込まれましたが、終戦によりそれは途絶えます。新中国になり国交が回復、北海道の原正市はボランティアとして中国全土に畑苗移植栽培の技術協力を始めます。第7話は、満州国と北海道の稲作技術の歴史を明らかにし、原の技術協力の実体と成果を紹介します。

1　満州の稲作の歴史

本題に入る前に「新中国」の成立から紹介します。昭和20年8月の帝国日本の敗戦により満州国は消滅。侵攻したソ連軍が撤退し、中国共産党は国民党との内戦に勝利、24年10月に新中国が誕生します。これより旧満州は東北部と改称し、遼寧省、吉林省、黒竜江省の3省と内蒙古自治区の一部で構成されるようになります。以降は新地名で記述します。

満州の稲作の発端を京都大学の藤原辰史の書『稲の東亜共栄圏　帝国日本の「緑の革命」』を基に紹介します。

〝満州の稲作は、朝鮮半島から満州南部を中心に移民してきた朝鮮人農民によって担われていました。移民は、19世紀の中ごろから断続的に行われていましたが、１９２０（大正9）年8月の「日韓合併」後に困窮化し、満州に逃げ道を求めた朝鮮人も多かった〟

筆者（高尾）から補足をします。満州への朝鮮人の移住は、明治42年に日清両国が条約を結んだ後に日韓併合し、吉林省などに日本が強引に移住させました。開墾と稲作可能地では米づくりをさせ、韓国と日本へ自由に農産物を輸出できるようにしました。

その朝鮮人移民と水田面積について、岡山大の張建の論文『東北地方における農業技術の進歩と農業の発展』を基に紹介します。

〝大正13年の満州での朝鮮人人口は約53万人、水田は5万7０００haでした。満州建国前の昭和６年には63万人と8万2０００ha。満州国崩壊前の19年には１３０万9０００人と32万6０００ha。大正13年を１００とすると、昭和６年の人口が１１７、水田が１４４。19年は人口が１５２、水田が２４１と共に増加したが、建国後の水田の増加が顕著です（ちなみに北海道の現在の水田面積は約22万ha）。これは朝鮮人移民のほとんどが農民でしたが、建国前は土地商租権（所有権など）がなく、小作人になり水田を開発していましたが、建国後は商租権が認められ、それが開田意欲を刺激し水田が増加したためです〟

中国東北部における朝鮮人人口・水田面積を**表３**に示します。

東北部の稲作について筆者（高尾）から話します。

東北部は冷涼な気候で農耕期は短く、北海道と自然環境が似ていて、中国では東北部を「東北早熟稲作地帯」としていて、それは北海道と同じ早生種の栽培地帯です。

原が技術協力した畑苗移植栽培法は北海道で開拓以来培われた技術で、先の水田実験農場の唐木田真が北海道から種もみを持ち込み、水苗代と畑苗代で育苗したが、天候不順から一部にタコ足による直播を取り入れた、とありました。

唐木田がいた多寄村は稲作北限で、畑苗代育苗技術が実用になってすぐに渡満して成功したのは画期的な出来事と言えます。北海道では戦後、技術熟度を高め、原正市が新中国に普及を図ります。

表３　中国東北部における朝鮮人人口・水田面積

年	朝鮮人人口	水田面積(ha)
大正13年	531,851	56,858
昭和 6年	630,982	81,800
〃 10年	807,506	135,975
〃 15年	1,309,053	339,494
〃 19年	1,863,115	326,311
〃 25年	—	300,733
〃 30年	—	428,367

出典：岡山大学大学院社会文化科学研究科張建『中国東北地域における農業技術の進歩と農業の発展』（平成26年３月）を基に筆者高尾が作成

2　北海道で培われた栽培法と原正市

寒地稲作の成功と北進、満州へ

北海道稲作とその技術の発展を、続けて筆者（高尾）の論文『農学士酒匂常明の「北海道米作論」の開拓史における意義』を基に紹介します。

〝日本の水稲は元来、中国から伝わり、江戸期末には温暖な北海道の南部に到達します。明治期、北海道開拓使は御雇外国人教師の意見を参考に稲作を否定し奨励していませんでした。ところが、作付け地は北進します。明治6年に石狩の広島村島松在住の中山久蔵が道南から赤毛種を取り寄せ栽培に成功します。中山は冷涼な春先の水苗代で発芽、生育促進のため風呂の湯を入れ保温に努め育苗し移植。低温の冷害年は不作でしたがほぼ豊作でした。この赤毛種が徐々に北進し、明治28年、新琴似の江頭庄三郎が赤毛種を植え冷害であるにもかかわらず赤毛（ノギ）のない稔った穂を見つけだし、それを作付けして好成績を収めます。これは坊主種と命名されます。

また29年に東大卒で農商務省から北海道庁財務長になった酒匂常明は、中山の資料などを基に『北海道米作論』を発表。それまで否定的であった稲作を奨励します。坊主種は耐冷性を有し、ノギがなく直播栽培向きで、この2つの特性から品種改良の母材となり北海道稲作の発展に寄与しました〟

そして、先の唐木田真が満州に持ち込んだ水稲品種は「富国」と「栄光」で、「富国」は「坊主六号」と宮城県の「中生愛国」とを、「栄光」は坊主系の「早生愛国」と青森県の「鶴亀」とを、当時の先端技術の人工交配により北海道農事試験場上川支場が育成したもので、坊主系の耐冷性の早生種でした。

ちなみに、唐木田が渡満した昭和15年、北海道の水田は約18万haで、うち「富国」は驚異的に普及し54％を占め、それまでの「坊主六号」から変わります。ただ「富国」は病気に弱く、「栄光」に変わりつつありました。

この耐冷性に加え、ノギのない坊主種はタコ足直播器でその特性が発揮されます。母種の赤毛種は島松では移植栽培のほか、手まきによる直播が試みられ、収量に遜色なく広まります。しかし、この手まきは、春先の冷たい水田の中で女性が腰をかがめて5畝歩ほどしかできませんでした。そこで、上川の東旭川の末武保二郎と職人の黒田梅太郎の2人が、ブリキ製のタコ足直播器を明治38年に開発します。

タコ足は、長方形の箱の底に8本の管が伸びた構造で、器体は浮き板で支えられていて、種もみを入れる上部の箱の底に1株分の種もみが入る穴が8つあり、仕切り板を手前に引くと底から種もみが落ちます。管が8本なのでタコ足と呼ばれました。タコ足は手まきの10倍の効率があり、この穴にはノギのある赤毛種は筒につかえて不向きですが、ノギのない坊主種はスムーズに落下します。

この耐冷性の坊主系品種とタコ足直播器の開発に加え、北海道庁の水田水利事業の推進により稲作は飛躍的に増えます。そしてタコ足直播は全道の水田18万haのうち16万haに達します。

しかし直播栽培は冷害を受けやすいのが欠点でした。これに対し畑で保温育苗し、本田に移植する保護畑苗栽培法が開発されます。開発したのは山崎永太で、山崎は水田農家でしたが冷害により離農し、農事試験場上川支場に勤めます。独自にこの保護畑育苗の圃場実証を重ねていましたが、大正5年に上士別農会の営農指導員に移り引き続き研究を続け、昭和初期の連年の冷害でも好成績を収め、次第に普及します。上士別農会は後に唐木田がいた多寄農会と合併、

岩見沢のタコ足直播（『北海道農業写真帖』から転載）

士別農会になります。唐木田はこの育苗技術と耐冷性の「富国」「栄光」の種もみとタコ足を入満に際し持ち込みます。持ち込まれた「富国」は昭和16年に満州国の水稲奨励品種16のうちの1つとして指定されましたが、終戦により唐木田の農法とともに途絶えます。なお、当時の満州国の水田は約34万haと全耕地の2%ほどと少なく、稲作の担い手が朝鮮族であったと唐木田も記録しています。

原の技術協力について、紹介します。

洋財神・原正市の誕生

原正市は自叙伝を残していませんが、岩見沢市在住の島田ユリが聞き書きした『洋財神　原正市―中国に日本の米づくりを伝えた八十翁の足跡―』（平成11年刊）があります。

日中の国交が回復し、北海道の稲作の畑苗移植栽培技術を東北部に伝えたのが原です。原は昭和57年から16年間にわたり現地に出向き技術協力します。書の「洋財神」とは、中国でいわれている言葉で、海外から来て懐を豊かにしてくれた神様の意味があり、原をたたえる言葉です。

島田の書を基に原を紹介します。

〝原正市は、大正6年岩見沢市生まれ。自家農業を手伝いながら昭和13年には地元の空知農業学校を卒業。3年制で専門学校と同等の北海道大学農学実科に入り、土壌肥料の農芸化学に力点を置き学び修了。北海道農事試験場の研究員になり、稲育苗や土壌を研究。戦後は同場の岩見沢水稲試験場に移り、稲作法や農機具を研究。北海道農務部農業改良課に移り試験研究機関の研究成果を全道の農業改良普及員に伝える、言わば中継役になります。退職し北海道農業協同組合中央会に入り、54年に中国視察団の一員として訪中。この時、現地の2人の農村青年の好意に感動し、中国での技術協力を熱望します。

原が初めて中国を訪れたのは昭和54年6月。日中農業技術交流協会の訪中団の副団長として、東北部の遼寧省鉄嶺市の人民公社の広大な水田を訪れます。ここは瀋陽市（旧奉天）の北にあり、案内を受け大勢の農民があぜでたたずむ中、原は土を確認するため靴を脱ぎ素足で田の中に入り、手で土を採集したところ、突然どよめきが起きます。まだ階級意識が強く残るこの国で、技術者が決して見せることのない姿であったためです。視察を終え事務所に入ろうとしたところ男女2人の青年が、止めるのを聞かずにお湯で足を洗ってくれ、これに原は感動します。まだ文化大革命から日が浅く、人々は貧しく、原はこの人たちを幸せにしたいとの思いがたぎり始めます。17日間の視察を終え帰国、すぐに妻にこの話をし、単身で中国行きの考えを打ち明けたところ、それは素晴らしいことだと賛同を得ます。55年に北海道黒竜江省科学技術協会が発足、翌年12月に中国政府との議定書が取り交わされ、稲作指導員として原の派遣が決まります〟

3　技術協力1年目から5年目まで

〝1年目の昭和57年、64歳の原は4月3日に北京入り、5日に黒竜江省ハルピンに到着。汽車で6時間ほどの国の農業現代化モデル地区の海倫県東太生産大隊に入りします。この大隊は人民公社で、翌年、村になりますが、稲作農家が136戸いてほんどが朝鮮族でした。朝鮮族は稲作歴が40年と長いが、近くの漢族は15年と短く収量は2～3割少ない。これにより朝鮮族は稲作への自負心が強く、原のお手並み拝見との雰囲気でした。

宿舎の海倫県の招待所は劣悪で寒く、時に停電が発生。17日に準備していた中国と北海道の6品種を苗床に播種しました。しかし、責任者の大隊書記は畑苗移植には乗り気でなく否定的意見でしたが、通訳が「今まで通りのことをしていたら、日中技術交流の意味も進歩もない」と説得、妥協して在来の直播と原の畑苗移植の両方の試験を行うことにしました。

原が提案し管理していた育苗床は順調に生育しましたが、大隊の苗が生育不良なため不足し、やむを得ず15分の1の0・07haに移植しました。移植後の本田は原が朝早く起き水管理などをしました。また、大隊の技術情報の取得には原の理論を理解できる朝鮮族から得ることにします。6月中旬になり原は不衛生な環境から赤痢に罹患、医師の往診などにより5日間ほどして回復しました。気温は急上昇し北海道より本田での生育が早いこと知ります。7月3日に訪中団と共に妻が来て、妻があまりにも痩せている原の姿に驚きを見せましたが、観光をして帰国。

9月14日に黒竜江省と東北農学院の両者による試験田の鑑定会が開催されました。原の畑育苗試験区の生育は良好で10a当たり収量は最高の668kg、平均が576kgに対し、直播田では252kgと驚異的な差を示しました。黒竜江省や関係機関から認定書と表彰状が、また試験に携わった皆から記念品が贈られ、次年度の来訪を要請されます。9月23日帰国〟

2年目から5年目は黒竜江省で技術協力

〝2年目の58年は前年の好成績のせいか、海倫県の招待所は新築され、料理も良くなりました。人民公社制から請負制となり、個別経営に移行。原の指導は狭い地域から6郷9村の23戸50ha実証圃に拡大します。このため、畑苗代移植栽培向けの育苗技術のテキストを作成。研修会の講演や実演、各展示圃場や一般農家の巡回指導と多忙になりだします。苗代土の酸性度、施肥量とその時期や保温ビニール開閉など細かな技術に加え、一般水田を巡回し適期作業を指導。その頃、小学校の女教師から児童にソーラン節の踊りを教えてほしいとの話に応えました。また、1人の残留孤児から日本在住の叔父を探してほしいとの話があり、叔父に問い合わせましたが、会うのを断わられ、戦争の傷はまだ癒えていないことを思い知らされます。

６月４日、指導拠点が海倫県から方正県に変わります。方正県では、畑苗代や保温折中の水苗代、直播が見られました。ここでは既に新潟の農業者の協力により畑苗代技術が伝えられていましたが、原はそれを科学的に指導しました。技術協力は、６月10日までの62日間にわたり97ヵ所で巡回指導しました。

３年目の昭和59年は、３月30日に海倫県の招待所入り。前年は天候不順なため、大豆、小麦は収穫皆無なのに対し水稲は平年より多収で、原が推奨の畑苗移植は20～30％ほどの増収で感謝されました。研修会と現地指導のため汽車で出かけようとしましたが、雨が多くジープに変えました。しかし悪路のため馬車に乗り換えるも揺れが激しくなり徒歩にしました。４月18日、長発郷では、４棟のビニールハウスで育苗し機械植えをすると聞き、手植えを体験せずに一気の移行には、大変困惑しました。失敗させるわけにはいかないので、機械育苗のマニュアルを急きょ作成。連日講習会が開催され講師を務めました。この年から技術協力の成果が認められ日当１元が支給され、後に70元になり、新たに航空券が贈られました。在中期間は79日間で、６月13日に帰国。

４年目の昭和60年は３月25日に北京入り。当年の指導地域は同じ黒竜江省の慶安県ですが、30日、海倫県の招待所入りします。県では水稲作付けが増え、10ａ当たり７８３㎏と最高収量の農家に県からテレビが贈られたとのこと。３日後、１２０㎞離れた慶安県入り。ここは河川が多く水資源に恵まれていますが畑作が主で、水田は少ないが畑苗移植技術を隣の方正県から伝授されていて、原はやりがいを覚えました。既に機械植えが導入されていましたが、育苗技術は現地指導者と違いがあり、研修会では、原は質疑応答で納得させることができました。その後、共同育苗場や農家に現地指導しましたが、原の苗数は少なかったためやむなく少ない移植となり、なかなか保守的な面が見られました。巡回では施肥やビニールの開閉などで中国の技術者と意見が対立し、また原の育苗した苗は草丈が短く農家は敬遠し引き取り手が少なく余ります。やむなく現地の苗と比較することにしました。結果は原の634kgに対し528kgと格段の差があったと後に知ります。この対立があり育苗映画の製作が中止になりましたが、後にテレビ局から製作の申し込みがあり、シナリオづくりに専念。県から2000元贈られました。6月7日に帰国。

5年目の昭和61年は2度にわたり訪中。1回目は2月22日に北京入り。寒いのでダウンジャケットを購入し汽車で24日にハルピン入り。26日、ハルピンから北110kmの綏化県入り。県主催の育苗移植栽培研修会の講師。3月8日に三江平原の中心都市、佳木斯（じゃむす）市の合江水稲研究所で研修会講師。22日、近隣の村を視察しました。前年は水害、風害、いもち病が発生しましたが提唱の畑苗移植は多収で好評。日中技術者により栽培基準案を合作。25日海倫県入りし350人ほどの聴講者の研修会講師。29日はハルピンで東北農学院と農業科学院の米多収穫プロジェクト地を視察し、技術協力の成果から畑苗代育苗は黒竜江省が取り組む省のプロジェクトになりました。

4月15日、方正県から先の合江水稲研究所入り、松花江を遊覧、厚い氷の流れる雄大な景観を眺めました。21日、技術協力初年目の東太村を訪問。23日、新規の水田地を訪れ移植植えが670haに普及していました。29日に北京入りし、盛大な送別会があり、5月5日に帰国。

2回目は8月13日に北京入りし17日ハルピン入り。黒竜江省の技術協力の村を訪ね作柄を視察し次の試験設計を協議。9月2日、黒竜江省から栄誉公民の称号と3000ドルが贈られました。これより中国西部の成都を訪問し視察。9月11日、北京人民大会堂で国務委員と接見し帰国。

4月に麻山で冥福を祈る

〝この年の4月5日、開拓団が集団自決した方正県の麻山入り。日本人墓地があり「永不再戦　日中友好」

の碑が整備されていました。墓を守る人が掃除をしていて、原は周りを一巡し冥福を心から祈りました。

原の手記に「元開拓団が苦労したり、青春の夢を打ち付けたりした土地を、もう一度、静かに見直すべきではないだろうか。他国で亡くなった親族や知人の冥福を祈る気持ちはよく分かる。一方、これを見守る中国の人びとの感情はいかなるものであろうか。両方の立場から眺められる私としては、本当に複雑な思いにかられる。日本人に言いたい。豊かな日本を見ると、過去とほとんど変わらないように見える中国だが、これを見てみくびったり、横柄な態度を取らないでほしい。願わくば中国を訪れる日本人たちに、卑下する必要はないが、謙虚な気持ちで旅をしてほしい」と記されています〟

4　6年目以降と中国全土での技術協力―2人の首相に謁見

〝6年目の昭和62年も2度訪中。技術協力の成果が年々上がり、中央政府が協力的になってきました。3月1日の1回目の訪中時、北京で中央政府の歓迎会があり、4日にハルピン入り。7日から方正県で講習会。3月17日、同じ黒竜江省のチチハル市入り。ここは水田が１９８４年１万２０００haであったのが、１９８７年には6万haに急増していました。さらに水源開発をして倍増を計画、畑苗移植栽培の重要性が高まり、研修会参加者は多数。ハルピンと佳木斯を訪問し試験設計などを協議。湯原県を訪問したところ水田2万３０００haのうち半分近くが畑苗の機械移植で、技術移転の成果が見られました。14日、佳木斯に戻り１８０人ほどの講習会で講師。27日、吉林省に移動し旧満州国の公主嶺農業試験場の農業科学院と近くの朝鮮族の郷の稲作を視察しました。

５月１日、南側の遼寧省の瀋陽市で技術協力。その後、中国西部の桂林で観光をし、農家で二期作の話を聞きますが、畑苗移植には関心を示しませんでした。5月26日帰国。

2回目訪中の8月4日、協議の結果、今回の指導は東北部の黒竜江省、遼寧省、吉林省と華北の山西省で、期間はひと月と決まります。15日から吉林市、黒竜江省木蘭県、同海倫県などで研修会講師を務めましたが、現地は豊かになり農民の服装が良くなっていました。8月30日、訪問先の山西省農業科学院で苗移植の基礎技術を指導。9月27日、北京に着き、人民大会堂で要人と趙紫陽首相に謁見(えっけん)に浴します。10月4日帰国。

7年目の昭和63年も訪中は2度。1回目は3月12日にハルピン着。黒竜江省海倫県の農家戸別訪問、良質米のつくり方の質問がありました。このほかに省の11の市県を巡回指導。多忙な技術協力を終えました。妻とその友人と同行の観光目的の便宜を受け、5月19日帰国。

2回目は9月25日北京入し、中国農業賞が授与されました。ハルピンで巡回指導に出かけた折に残留日本人婦人と面会。10月7日、佳木斯市の水稲研究所で肥料試験は良好であったと報告を受けました。牡丹江、ハルピンを経由し、テレビ局の取材に応じ、10月20日帰国。

8年目の昭和64年の訪中は3度。東北部と華北の北京市とその近郊が加わります。

1回目は4月1日ハルピン入り。今年は黒竜江省内をくまなく巡回し指導することになり、牡丹江、海倫、慶安、勃利ほかを訪問。佳木斯市の水稲研究所の肥料試験では元肥、追肥共に減じても収量に変わりないことが実証されました。4月15日にチチハルに入りテレビ、新聞は原の技術協力を取り上げていました。16日に海倫でわが家のような招待所に入り、技術検討会などを開催。終戦時に看護婦で、中国人医師と結婚した庄田貞子女史に面会しました。彼女の夫は文化革命で非業の死をとげたが、彼女は医師免許を取得し、活躍。4人の子を育てた努力家でした。28日に佳木斯市の水稲研究所入り、松花江を渡り現地で農家などを指導。5月12日、帰国。

2回目は8月10日北京入り。天安門事件により外出はできませんでしたが、11日ハルピン入り。14日牡丹江、翌日海倫入り。寧安県で巡回指導し、観光地の鏡泊湖を遊覧。佳木斯市入りし、近くの農村を指導し、28日北京入りし近郊の水田農家を指導。大連を経由して成田に９月３日に到着。帰国後、技術協力各地に見合う水稲栽培指導書を作成。

３回目は11月６日に北京入り、市と近郊県で作成した先の指導書を説明するなどして帰国。

９年目の平成２年の訪中は２度。中国政府は東北部の稲作発展に注目し、東北部に加え華北、西北にも畑苗移植と新たに本田での粗植栽培技術の普及が加わります。３月16日北京入りし、華北の任丘市で水稲の後作に秋まき麦をまく作付体系の技術試験を開始。30日に佳木斯市の水稲研究所に入り試験設計を打ち合わせ。４月24日、西北部のウルムチ着。新疆ウイグル自治区には約８万haの水田がありますが、そのうち直播が70％を占め、残りが水苗代でした。当年から機械移植の試験開始に合わせ苗床づくりなどを指導、試験設計を提案。ここは多くの少数民族が混住していましたが仲良く暮らしていました。テレビ出演と巡回講師として各県を回ります。

５月２日北京入りし、かつて指導した東北旺大隊の育苗は失敗していました。地元の技術者は、失敗はアルカリ性土にあるとしていましたが、原は改善案を提示。５月22日帰国。

２回目は７月17日北京入り、華北を視察し講演。各地の育苗に出来ムラがあり、改善策として土づくりを提言しました。

３回目は８月30日、北京からハルピン入り。なじみの海倫県の招待所に入り、苗移植栽培の成功により農民は豊かになり服装が良くなっていました。６日に佳木斯市の水稲研究所入りし試験成果を聴取。ハルピンから北京に入りし、河北省隆化県河東村の村長から苗移植栽培の成功に対して感謝が伝えられました。９月17日帰国。

10年目の平成３年の訪中は、４回で１５５日の滞在。畑苗移植栽培の技術協力は、華北から揚子江を越え、華中、華南が加わります。講習会や宿舎の直接訪問などで助言した人の数は３３２５人に及び、初めて知るアルカリ性土とその土づくりを技術指導。温暖な長沙では増収に加え50％ほどの節水栽培が実証されました。この年の１回目は３月３日～５月26日。２回目は６月20日～７月12日。３回目は８月26日～９月23日。４回目は11月19日～12月６日。

11年目の平成４年の訪中は５回で、滞在期間は１４９日間、技術協力は中国全土に及びます。１回目の２月28日、北京で李鵬首相から栄誉賞が授与されました。人民日報の１面には、「原は黒竜江省での試験の成功から東北、華北、西北へと地域を拡大し、アルカリ性土壌に適応する研究開発を推し進め、中国北部地方に大々的に豊かさをもたらせたと功績をたたえる」と報道されていました。

２回目から４回目までは中国各地で講演会講師、現地指導、試験研究を設計。２回目と３回目は北京、重慶、成都、武漢、広州，南京で指導。９月５日からの４回目の訪中は収穫期に当たり、２～３割増収した現地を視察、農民から「洋財神」という神様と言われます。５回目は、天皇・皇后両陛下の訪中レセプションが、10月25日に北京の「中国飯店」で開催され、原夫婦が招待されました。帰国後、「秋の園遊会」に招待されます。北海道では、岩見沢市市功労賞と北海道新聞文化賞特別賞が授与されます。

12年目の平成５年は、技術協力した畑苗移植栽培の中国での評価は揺るぎないものとなり、この年の訪中は６度にわたります。１回目は２月25日にハルピン入り、黒竜江省農業科学院などと協議。２月27日四川省成都、３月３日華南の湖南省長沙市などで指導。また、華南向けの畑苗移植技術のビデオシナリオを作成し３月９日帰国。２回目は４月26日に北京入りし「農業教育国際シンポジウム」に日本代表として参加し研究発表。３回目は５月20日から６月15日までで、江蘇省南京市、蘇州市。華中の重慶市、長沙市、福州市で指導。４回目は７月12日から華北、華中、華南各地で指導し８月２日に帰国。５回目は９月18日から30日までで、東北部、華北、華中、華南で指導。特に河北省隆化県の実証圃は中国全土から多くの視察者があったと報告。6回目は10月7日から27日までで、北京でテレビ局が作成した畑苗移植のビデオに対し修正を指示。9日に海南島を視察し、三期作が可能だが、畑苗移植により風害、虫害に耐え豊作であったと報告あり。その後、華南で指導し27日帰国。原は東方部や華北の一期作から華南の三期作それぞれに合った栽培法を指導しました。

13年目の平成6年、原は前立腺手術後で体調が不十分の中、訪中。1回目は2月20日から3月18日までで、北京で政府の外国専門局から、畑苗移植により増収し農民が大変喜んでいると知らされます。華南の海南島の開口市、儋州市（だんしゅうし）ほかの県で指導。3月5日から華中の成都市とほかの県で指導。3月10日、同じ華中の安徽省で指導し、3月18日に帰国。2回目は4月4日から6月17日まで。3回目は9月29日から11月17日までで、各地で指導し帰国。帰国して肺結核との診断を受け入院して退院。10月20日に北海道知事から「北海道社会貢献賞」が送呈されます。原の謝辞は、「12年前に中国黒竜江省で畑苗移植栽培試験に成功し、華北、北西、華中、華南と南下し、ついに熱帯の海南島に及びました。北海道の稲作技術が寒地から熱帯までの広範囲に広まり、中国稲作革命ともいわれています。ボランティア活動で始めましたが、今後も日本の技術者として恥ずかしくない活動を続けたいと考えています」としています。その後、技術協力の海南島で長期保養します。

14年目の平成7年の訪中は3回。1回目は2月26日から4月3日。2回目は9月4日から9月26日。3回目は12月6日から27日まで。なお、6月7日から1カ月、中国人農業技術者の育苗研修会を岩見沢で開催し、中国から原の胸像を岩見沢市に贈呈すると伝えられます。

技術協力は続き、功績をたたえて胸像を贈呈

15年目の平成8年の訪中は4回。1回目の訪中は3月2日に西安入り。その後、華南、華中などで指導し4月10日帰国。2回目は6月28日に北京入りし胸像の贈呈式が開催されます。出席者は中国の外国専門局ほか幹部、駐日中国大使、岩見沢市長など総数250人。この日まで指導したのは全土31省のうち25省、訪中回数は40回、滞在日数は1522日に上ります。式後は中南海に行き高官に面談、胸像は母校の北海道岩見沢農業高等学校の前庭に設置することになりました。6月30日、岩見沢市長らと上海入りし7月3日帰国。原の誕生日の8月26日に胸像除幕式が挙行されました。中国の高官、岩見沢市長、学校関係者が出席しました。なお、中国から日本への像の贈呈は広島平和公園の乙女の像の贈呈以来の2度目です。

16年目の平成9年は原の80歳の記念すべき年で、7月8日には日本で外務大臣表彰。8月10日、中国李鵬首相に謁見します。8月21日からの訪中では北京市、黒竜江省、海倫市の各地で誕生会が開催されました。隆化県から栄誉公民の称号の授与と、同じ隆化県と長沙市では原の石碑が設置されました。10月7日には黒竜江省から重大科学効益賞が授与され帰国。10月15日に秋の園遊会が赤坂御苑で開催され夫妻で出席。11月11日、李鵬首相の来日の歓迎会に出席。

17年目の平成10年は、訪中することはありませんでしたが、11月25日に江沢民国家主席が来道、30日、農業技術協力をした専門家8人との懇談会に出席しました。この前後に道内外の報道機関が岩見沢市の自宅で取材しています。原の中国での技術協力はこの年で終えました〟

北海道と満州の稲作、胸像の撰文

筆者（高尾）から、稲作技術を中国東北部と北海道との関わりを話します。

日本の戦前の稲作北限地は、唐木田真がいた上川の士別で、山崎永太が開発した畑苗代育苗技術は唐木田により旧満洲中央部の吉林省で栽培に成功しました。

この畑育苗は戦後、道内の農業試験場の研究により標準的な技術として全道に普及します。その間、保温材は油紙障子からビニールに、手植えから機械植えに変わります。そして原正市によって新中国に伝えられます。寒冷な東北部から温暖な南部の三期作地帯へと普及、これは北海道農業技術の国際化であり、歴史的成果といえます。

中国から贈呈された原の胸像の碑に、岩見沢市長の次の撰文があります。

【原正市は、一九一七年八月二八日岩見沢市に生まれ、北海道庁立空知農業学校、北海道帝国大学に学び、北海道農業試験場岩見沢水稲試験地主任、北海道農務部首席専門技術員、北海道農業協同組合中央会審査役等を歴任、一九八二年以降ボランティア活動で北海道黒竜江省科学技術交流協会の派遣により、黒竜江省を皮切りに水稲畑苗移植栽培を基調とした栽培技術の移転に尽力され、その技術が全中国に普及し、中国の稲作発展に大きく寄与された。

この度、中国政府は氏の胸像を作成し、長年に亘る稲作技術協力の功績を顕彰された。このことは、郷土の人々にとって誠に慶ばしく誇りとなるものである。

氏の栄誉を称えると共に、日本と中国の交流の大きな掛橋となったことを後世に伝えるため有志相はかりここに建立した。　岩見沢市長　能勢邦之】

なお原正市は、碑贈呈後の平成14年10月に病没します。

原正市胸像と撰文。
岩見沢農業高校前庭

余話　松川五郎の満州移民と戦後のサロベツ原野開発

満州開拓は、当初の武装移民から分郷・分村移民に転換します。転換の端緒となり、全国のモデルとなったのは宮城県南郷村での分村移民で、それを推進したのが松川五郎です。松川は渡満しなかったものの、南郷村の農学校校長から「満州移住協会」に移り全国で移住を推進します。戦後は北海道豊富町に移住しサロベツ原野で入植者を指導します。その顛末を「余話」とします。

南郷村の農学校から満州移住協会へ

松川五郎の活躍を『満洲開拓史』（昭和41年刊）を基に紹介します。

〝松川は、明治30年に軍人の子として東京に生まれます。大正14年に北大農学部を卒業し宮城県南郷村の加美農蚕学校校長になります。

南郷村は、県北部に位置する平たんな水田地帯で、全耕地に対する小作地は80％に達していました。松川が就任した頃、農家戸数が増加していましたが、昭和5年の農業恐慌により行き詰まり、村の経済更生を図るため農民教育の強化が求められていました。このため、村は3つの農業補習学校と青年学校を合併して、加美農蚕学校を6年7月に新設、松川が迎えられ校長に就任します。

8年になり、卒業生から就職の相談を受けましたが、長男は就農できたものの、それ以外は就農の余地はなく、やむなく南米ブラジル移民を検討していました。そこに加藤完治が訪れ、満州農業移民を勧められます。

松川はこれを生徒に話したところ、男女21人が希望し、移住のための訓練を始めます。9年より訓練に耐えた男子5人が、東安省の加藤の訓練所の饒河（じょが）少年隊に送り出します。

その後、女子5人を大陸の花嫁として、また4戸を集団移民として送り出します。11年春までに38人、その年末に50人を送り出し、訓練を終え満州各地に入植します。少年隊の正式名が大和北進寮ですが、ここがモデルとなり、後に「満蒙開拓青少年義勇軍」訓練所が全満に設置されます。そして松川は南郷村の農家400戸のうち、半分の満州移住を構想し、村に「満蒙後援会」を設立し分村移住を推進します。

昭和10年に松川は校長を辞し、石黒忠篤が会長の「満州移住協会」に移ります。協会に移った松川は、加藤完治がいた山形県の庄内の3郡からなる分郷勧誘運動を始めます。ここも先の南郷村と同様の水田地帯で、数十町村に農家2万4000戸あり、1戸当たり適正規模を3町歩とすると8730戸が余剰となり、そこで満州移民を勧誘します。しかし、分郷移民は分村移民に比べ、複数町村にわたるため調整が複雑になり、松川は各町村に出かけて満州庄内郷の建設に向け講演をします。

満州に庄内郷の建設を立案したのは、加藤完治が山形県自治講習所所長時代に、その薫陶感化を受けた農村青年たちでした。彼らは「皇国農民団」を結成、団員が県会議員や町村長になっていて、彼らが中心となり郷単位の移民を主導します。また、当時は分村移民が少なくなりつつあり、分郷移民は満州移住協会の願うところで、これらにより山形県から17の開拓団体、1万3000人ほどを12年から送り出します〞

戦後、山形県の満州引き揚げ者の一部の人が北海道豊富町に入植して、満州移住協会にいた松川五郎の指導を受け、サロベツ原野の農業開発を推進し営農を展開します。

サロベツ原野の農業開発

入植開拓の経緯を『豊富町史』（昭和61年刊）を基に紹介します。

〝豊富町に開拓団長として入植したのは富樫堅治で、富樫は12年に三江省依蘭県馬太屯に入植します。

畑10町歩、水田2町5反歩があり、畑に大麦、えん麦、馬齢しょなどを作付けました。入植当初、くわだけで開墾と耕作をしていましたが、耕馬が入りプラウ、ハローなどを使う北海道農法を取り入れます。開拓団はみな協力的で、まとまりが良く営農が順調な中で20年の終戦を迎えます。

終戦時、開拓団は160人になっていましたが、富樫はソ連軍の捕虜になり、22年に解除となり庄内に帰郷。北海道豊富町に開拓地を求めます。

豊富町への開拓団は、満州の三江省依蘭県馬太屯、東安省宝清県楊栄、浜江県珠河県三股流の3つの帰還者により結成されます。

ここでこの3つの開拓団の引き揚げについて『満洲開拓史』から紹介します。

〝3つの団を集計したところ、在籍者数は応召者が295人いたものの1778人で、引き揚げ途次の死亡者、未帰還者がいて、帰還できたのは約21％の378人に減少しています〟

この悲惨さの中での再入植について、『豊富町史』に戻り紹介します。

〝山形県庄内には元々開拓適地はなく、北海道の未開地を調査し、豊富町の瑞穂南地区を開拓適地と決めます。開拓団が結成され団長に先の富樫堅治がなりましたが、彼の兄は庄内の大和村村長で、共に皇国農民団員でした。

昭和22年6月、富樫団長と先遣隊11人が入植し、すぐに住宅をつくり、馬耕により馬鈴しょ4町歩を作付けします。また後続の3人が入り、ソバなど16町歩を作付けします。その初冬に逐次入植が続き、配分を受けた山林を伐採し、住宅向け製材を行います。翌年、配給の塩が不足しだし、大釜2つを購入して、日本海の海辺でまきをたき製塩、各戸に配布します。

入植者は増え、昭和24年6月、「天北庄内開拓農業協同組合」（以下、開協）を設立、組合長に富樫堅治が就任し、後に満州移住協会にいて庄内で親交を深めていた松川五郎を参事に迎えます。

松川五郎の開拓農協入り

松川五郎の開拓農協での活動を見ます。

松川のいた満州移住協会は戦後すぐ解散。松川は東京から札幌入りし、藻岩農業協同組合長に就任していました。昭和28年5月に職を辞し、所有していた畑・住宅を売り払い、7人の家族で豊富に移住します。これは、かつて山形県庄内で、指導し親交を深めていた入植者からの強い要請によるものです。松川は開拓農協の参事の職を、残された償いの道と信じ、開拓地での不安な生活のことも顧みず、家族の反対を振り切って、あえて資産を処分。戦後の苦しみはこれから、というような覚悟をしてのことであり、開協組合員からの期待の大きさがうかがえます。

開協組合員は、サロベツ原野と周辺台地に入植した者が対象で、開拓補助事業、資金導入、購買・販売の経済活動を開始。この頃に乳用牛11頭を導入し、作付けは馬鈴しょ、雑穀から牧草に転換を図り、これをこの地域の酪農化の第一歩とします。特筆すべきは、入植者を送り出した山形県から毎年、知事や部長、県会議員が訪れ種々の寄付があり、皆を激励したことです。また入植した当初、子弟は3つの小学校に通学していましたが、27年に阿沙流（あさる）小学校の分校ができ、31年には独立して庄内小学校を開校。これらの運動をしたのが組合長の富樫堅治でした。

松川は、この地域の酪農化のため地質、植物、農業土木、医療の専門家のほか、満州に適したプラウを研究していた北大教授の常松栄により現況調査を総合的に進め、営農振興五カ年計画を立てます。計画にのっとり酪農の飼料は、原野の在来の野草を利用しつつ、逐次、原野を開拓して栽培牧草に切り替えることにします。また、サロベツ原野の泥炭地の開拓には排水改良が不可欠で、大排水とその支線排水路を掘削して機械開墾を進め、地域に適する海外の牧草種を導入。耕地が不足する集落には国有林野の解放を進めることにします。さらに、地域に埋蔵する火山れきから火山ブロックを製造し、耐寒畜舎の建設を推進。これら地域の資源を生かした営農改善に取り組みます。排水溝掘削には庄内から、山形県産業青年隊員50人が入り従事し、その中から新たな入植者が現われます。これにより組合員の居住地が当初3集落であったのが、原野の周辺台地に広がります。一方で、酪農化の推進のため長期融資を得るため、農林省、北海道に陳情しますが、導入できたのは3分の1程度で、開協の運営資金が不足し、松川は札幌で得た資産売却金から支出します。

このような苦難の中、開協設立当初の組合員が83戸であったのが、38年6月の豊富町農協との合併時には152戸に増えます。この増加は、山形県が分村と位置付けての支援、また、入植者の結束力の強さにより離農が少なかったためといわれています。

ところが、豊富町は町発展のため泥炭利用の工場を誘致しようとして、土地利用が拮抗します。そこで、29年6月、泥炭工業の権威、ドール博士を団長とするフランスチームの調査団を招きます。〟

これについて、北海道開発局の『泥炭地利用調査資料』（昭和32年刊）の中に記されています。

〝フランスチームに加え、8月にFAO（国連食糧農業機関）チームの2つが北海道開発庁の招きにより現地を調査。泥炭の工業的利用は、容積が必要だが面積は少なくて済むので、原野の土地利用は農業を主とするとの提言がありました〟

『豊富町史』に戻ります。

〝これに基づき、土壌改良資材製造工場を誘致し、44年に操業を開始します。

そして、サロベツ原野の農地開発が進む中で、松川はサロベツ原野の外縁部に多くの竪穴の痕跡を発見します。すぐに北大の考古学教授の大場利夫に書簡を送り、発掘を促します。32年から6つの竪穴が発掘され、豊里遺跡と命名され、出土品から北海道特有の擦文文化期の重要な遺跡と判明。この点においても重要な役割を果します。

しかし、農地開発は湿地のため思うように進まない中、松川は34年に職を辞します。北大の同窓生などから帰札の誘いがありましたが、北海道開発局の臨時職員としてとどまり、サロベツ原野の農業開発に取り組みます。40年に松川は豊富町を去り、札幌に居を移します〟

サロベツ原野農業開発と国立公園との調整

サロベツ泥炭地の農業開発を進めるため北海道開発局は、原野の中央を蛇行し流下するサロベツ川のショートカット工事に36年着工し44年に完了します。これにより排水改良が進み、泥炭地の地下水位は低下し乾燥、その変化を総合的に調査することになりました。調査は、社会経済、気象、土、水、生物の各部門とし、10年間に当時としては膨大な1億円の費用を投入、北海道開発局の報告書『泥炭地の生態』（47年刊）が公表されます。

泥炭とは、サロベツのような気温の低い所で、植物の遺体が分解することなく堆積した土壌で、1年間に1㎜ほど堆積しますが、サロベツ泥炭地の深さは4ｍなので、その形成は4０００年に相当します。この調査により、モウセンゴケの群落やコモチカナヘビなど稀少な動物の生息が確認されました。

『豊富町史』に戻ります。

〝昭和40年、利尻礼文国定公園に新たにサロベツ原野を包含した国立公園への昇格問題が持ち上がります。豊富町長は、戦後すぐの民選により就任以来25年間にわたり、原野開発が町政の最大課題として、町政を執行していました。国立公園昇格は、周辺自治体が豊富町に合議することなく国に申請を提出したのですが、自然保護の気運の高まりもあり、町長は原野の農地開発地、工業地と国立公園地の３つの区域分けをし、農地開発を優先しつつ、昇格に賛意を示します。49年９月に「利尻・礼文・サロベツ国立公園」として指定されます〟

図４に土地利用概要図を示します。

　この概要図の農地造成予定地に、北海道開発局は国営農地開発事業を49年に着手し、地域の酪農経営の基盤ができます。

　ここで北海道内の泥炭地の農業開発と自然保護を見ます。

　北海道には、約5万haの石狩泥炭地、約2万haのサロベツ泥炭地と釧路泥炭地があります。石狩泥炭地は、戦後の世界銀行の借款により「篠津地域泥炭地

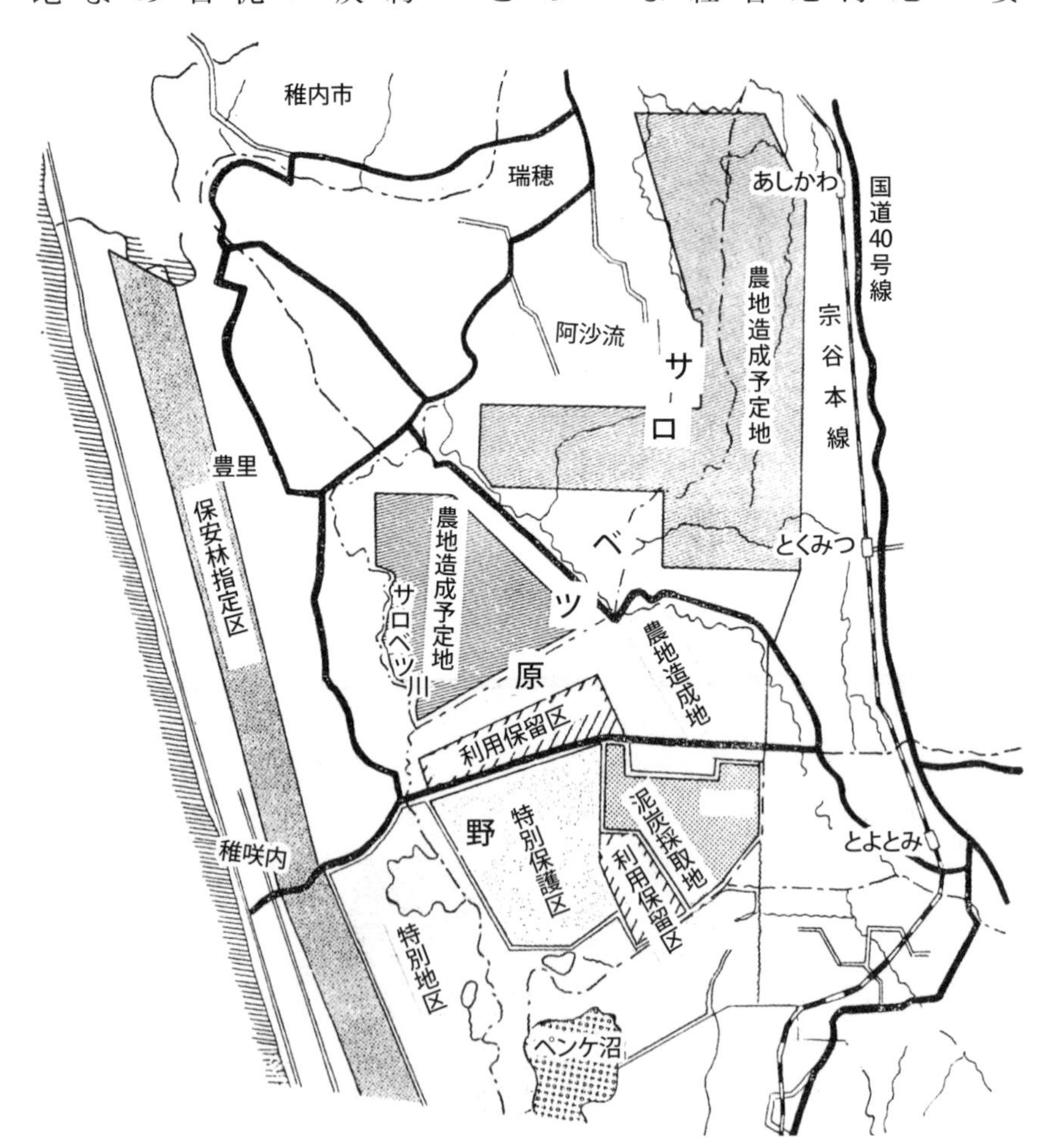

図４　サロベツ原野の土地利用概要図（『豊富町史』から転載、一部改変）

松川　五郎
（『豊富町史』から転載）

開発事業」として農地開発されました。残された泥炭地の保護の世論が高まり、サロベツ原野は49年に国立公園に指定され、釧路泥炭地は遅れて62年7月に「釧路湿原国立公園」として指定されます。

ところで、松川が豊富を去る4年前の昭和36年、サロベツ原野が映画『人間の条件』のロケ地となります。作品は満州が舞台で、日中戦争がテーマの五味川純平の同名の長編小説で、著書はベストセラーとなります。当時、中国との国交がなく現地で撮影ができなかったため、満州の荒野を彷彿とするサロベツ原野が選ばれ、この地は全国に知られるようになります。このようにサロベツ原野は満州との関わりの深い地と言えます。

引用文献

江口圭一『大系日本の歴史14　二つの大戦』小学館　昭和64年5月
安冨歩『満洲国の金融』創文社　平成9年2月
満洲開拓史刊行会『満洲開拓史』昭和41年4月
上笙一郎『満蒙開拓青少年義勇軍』中公新書　中央公論　昭和48年2月
ルイーズ・ヤング『総動員帝国　満洲と戦時帝国主義の文化』加藤陽子ほか訳　岩波書店　平成13年2月
北海道『新北海道史　第五巻　通説四』平成9年8月
中村孝二郎『原野に生きる―ある開拓者の記録―』開拓史刊行会　昭和48年11月
玉真之介「満州開拓と北海道農法」『北海道大学農經論叢』昭和60年2月
玉真之介「満洲産業開発政策の転換と満洲農業移民」『農業経済研究　第七二巻　第四号』平成13年
太平洋戦争研究会『満州帝国がよくわかる本』PHP文庫　PHP研究会　平成16年12月
唐木田真『三反百姓小倅の足跡』ロビンソン書房　昭和55年7月再版
白木沢旭児「満洲開拓における北海道農業の役割」『札幌大学総合研究第二号』平成23年3月
玉真之介「北海道農法の成立過程」『北海道の研究　近・現代篇Ⅱ』清文堂出版　昭和58年10月
井上勝生「札幌農学校と植民学の誕生―佐藤昌介を中心に―」『岩波講座「帝国」日本の学知　第1巻「帝国編成の系譜」』岩波書店　平成18年2月
蝦名賢蔵『新渡戸稲造　日本の近代化と太平洋問題』新評論　昭和61年10月
上原轍三郎「我国農業移民の可能性」『満蒙事情総覧』改造社　昭和7年7月
北大百二十五年史編集室『北大百二十五年史　通説編』北海道大学　平成15年12月

松野傳『農業開拓とプラウ問題』生活社　昭和16年6月
松野傳『北海道農業の想い出—古巣を訪ねて—』野幌機農学校　月刊「酪農学校」連載　昭和27年11月
須田政美『辺境農業の記録』北海道農山漁村文化協会　昭和33年1月
玉真之介『総力戦体制下の満州農業移民』吉川弘文館　平成28年8月
山形県史編纂委員会『山形県史　第五巻　近現代編　下』山形県　昭和61年3月
松野傳『満洲開拓と北海道農業』生活社　昭和16年6月
寺島敏治『馬産王国・釧路』釧路新書19　釧路市　平成3年3月
井上寿一『講談社選書メチエ　戦前昭和の国家構想』講談社　平成24年4月
山極榮治『日本の農業普及事業の軌跡と展望』全国農業改良普及支援協会　平成16年6月
上野満『協同農業四十年』家の光協会　昭和50年4月
武藤富男『満洲国の断面　甘粕正彦の生涯』近代社　昭和31年9月
小柳ちひろ『女たちのシベリア抑留』文春文庫　文藝春秋　平成31年12月
澤地久枝『いのちの重さ—声なき民の昭和史』岩波ブックレット№126　昭和64年
高尾英男ほか『北の大地に挑んだ農業教育の軌跡』北海道協同組合通信社　平成25年11月
今井良一『満洲農業開拓民「東亜農業のショウウィンドウ」建設の結末』吉田山叢書　平成30年1月　山人社
札幌同窓会創立百周年記念事業出版編集委員会『札幌同窓会の百年』札幌同窓会　昭和61年4月
豊富町史編さん委員会『豊富町史』豊富町　昭和61年3月
田中耕司・今井良一「植民地経営と農業技術—台湾・南方・満州—」『岩波講座「帝国日本」の学知　第七巻　実学としての科学技術』岩波書店　平成18年10月
高尾英男『農業開拓歴史館ガイド』電子出版　平成27年7月

標茶町史編纂委員会『標茶町史　通史編　第二巻』　標茶町　平成14年４月
拓殖実習場史刊行会『高き望みは星にかけ　北海道立拓殖実習場史』　北海道農業土木協会　昭和62年10月
北海道庁殖民課『北海道拓殖実習場：十勝拓殖実習場並拓北部落行幸記念録』　昭和12年７月
松野傳「拓殖実習場おいたちの記」『農地開拓だより第二十三号』　北海道農地開拓部　昭和30年８月
須田政美『根室新酪農村までの道　北海道開発文庫６』　北海道開発問題研究調査会　昭和57年７月
安宅一夫ほか『酪農学園の創立　黒澤酉蔵と建学の精神』　酪農学園大学　平成25年４月
酪農学園『酪農学園史創立70周年記念誌　二』　平成15年10月
青山永『黒澤酉蔵』　黒澤酉蔵伝刊行会　昭和36年
雪印乳業史編纂委員会『雪印乳業沿革史』　雪印乳業　昭和60年４月
新門別町史編纂委員会『新門別町史　中巻』　門別町　平成７年３月
仙北富志和『牛飼いからの伝言　黒澤酉蔵』　北海道リハビリー　平成21年７月
中曽根徳二『出納陽一氏の面影』　出納陽一氏の面影刊行会　平成９年５月
木村勝太郎『北海道酪農百年史』　樹村房　昭和60年10月
七十年史編集委員会『八紘学園七十年史』　八紘学園　平成14年７月
静内町史編纂委員会『静内町史』　静内町長　平成18年３月
栗林元二郎『斉藤子爵　学院　私』　栗林元二郎発行　昭和11年６月
北海道南米移住史編集委員会　『北海道南米移住史』　北方圏センター　平成21年８月
帯広農業高校創立五十周年記念事業協賛会『帯広農業高等学校五十年史』　同協賛会　昭和45年９月
田島重雄『北海道農業教育発達史』　日本経済評論社　昭和55年４月
満拓会『満洲引揚　戦後自分史を語る』　あずさ書房　昭和62年３月

北海道農会『北海道農業写真帖』昭和11年10月
中沢広『満蒙開拓青少年義勇隊　あゝ満蒙屯田』私家本　昭和60年1月
上田信「プラウに生きた拓魂」『大東亜戦史　満州編上』富士書苑　昭和49年2月
金子全一『菅野豊治を語る』スガノ農機　平成14年3月
土の館『土の館常設展示案内書』スガノ農機　平成6年8月
八雲町『八雲町史　上巻』平成25年3月
中村雪子『麻山事件』草思社　昭和59年10月
鈴木幸子「集団自決の淵から這い上がった私」『月刊ダン』北海道新聞社　昭和53年8月
島田ユリ『洋財神　原正市　中国に日本の米づくりを伝えた八十翁の足跡』平成11年9月
山中恒『アジア・太平洋戦争史』岩波書店　平成17年7月
張建『東北地方における農業技術の進歩と農業の発展』平成26年3月
藤原辰史『稲の大東亜共栄圏　帝国日本の（緑の革命）』吉川弘文館歴史ライブラリー３５２　平成24年9月
高尾英男『農学士酒匂常明の「北海道米作論」の開拓史における意義』北海道地域文化研究第九号　平成29年3月
宮城県史編纂委員会『宮城県史　３　近代史』宮城県　昭和39年3月

おわりに

満州事変や満州国の建国の書は多く見受けられますが、農業開拓移民をテーマにした書は少ない。本書は入植者の営農を確立するため導入された北海道農法をテーマとしました。ここに解説を加えます。

農業移民は、満州在来農法で雇用労力に依存していましたが、営農は不振を極めました。日中戦争開戦後、大陸新農法として畜力が主体の北海道農法の導入が決まり、日本人開拓団に普及を図ります。しかし、終戦を迎え、新農法は5年余りで終焉しました。戦後は、北海道ほか都府県の開拓地で実践され、新中国の技術協力のツールとなりました。このため本書のサブテーマを『大陸新農法を巡る攻防・終焉・再挑戦』としました。

この北海道農法を満州で推進したのが松野傳で、松野はその著『北海道農業の想い出　古巣を訪ねて』で、当時を振り返り「満州時代には私ほど端的に北海道農法を一枚看板で押し通し、これを活用した者はなく、それだけ北海道農法を一つの体系づけて論じた者はいないはずである」と力説しています。この農法の導入に反対したのが加藤完治とそのグループで、彼らの活動を知ることが重要でした。

加藤は日満両政府へのロビー活動により、当初の農業移民は武装した成年としましたが、その後、青少年に転換します。そのよりどころになったのは、彼が進めた朝鮮半島での青少年による開拓の成功で、それは『満洲開拓史』などでの記述はなく、中村孝二郎著の『原野に生きる』から明らかにしました。加藤は彼独自の天皇制農本主義の塾風教育を展開するため、グループの賛同者により財団法人を設立、私学の「日本高等国民学校」を設置します。今では考えられませんが、法人設立には農林省の官僚や大学教官が現役のまま役員に就任し、国有地の払い下げを受けます。その中の東京帝大教授・那須皓と京都帝大教授・橋本傳左衛門は、昭和7年に満州国の武装移民を進める諮問会議において、関東軍の案に賛意を示すなど重要な役割を果たします。

この2人の学者の、加藤グループに加わる以前の動きについて、蝦名賢蔵著の『新渡戸稲造』を基に紹介します。

新渡戸が東京帝大教授時代の明治43年に私的な「郷土会」をつくり、農村社会談話会を開きます。同人に、後に「日本民俗学の父」といわれた農林官僚の柳田国男と石黒忠篤、小平権一のほか教え子の那須がいました。筆者（高尾）はこれが加藤グループのつぼみとなったと見ています。また、同人ではありませんが、教え子の矢内原忠雄は、満州農業移民を否定したため東京帝大教官の職を追われます。このように新渡戸の教え子たちは賛否が分かれ、世論をリードしました。なお、戦後、矢内原は東大総長に就任します。

現地機関の賛否を見ますと、当初、満州開拓を推進したのが満鉄でした。満鉄職員は、現地の農村をよく知っていて、大量の農業移住に否定的でした。その意識があったためか、本書第5話「2　指導農家の唐木田真」にある関東軍憲兵隊が、調査部員40人ほどを逮捕拘留する「満鉄調査部事件」が発生します。このような確執がありましたが、逮捕された部員たちは、戦後になり大学、研究所、中央省庁入りし、戦後経済復興の理論を構築、旧満鉄調査部は日本のシンクタンクともいわれていて連綿とつながりました。

日中開戦後に北海道農法の導入が決まり、北海道から実験農家２００戸を送り出す計画で、満拓は新農法の普及を図るためさらなる増加を求めていましたが、実績は１９８戸にとどまります。唐木田真らが渡満しましたが、これらの方々は、不作を克服した中堅農家で、将来は地域のリーダーになると期待されていました。要請を受けた北海道庁と北海道農業界は、将来を憂慮し、増員を受け入れませんでした。

唐木田は、保有農地を小作に出し渡満しましたが、戦後の農地改革により、小作人のものになりました。

国策による渡満を理由に、返還を求めたが認められず、やむなく豊平町の真駒内に開拓入植したと回想しています。

その北海道からの開拓団員は２００２人、義勇隊員１１２７人の合計３１２９人と全国では下位に位置します。この人たちの旧職業や自小作農別の資料はありません。他方、府県では、地主制の矛盾を解消するため、小作農に渡満を奨励していました。本書「余話」で取り上げた山形県からの分郷・分村移民は、対象地域の農家の適正規模から村の目標戸数を決め、剰余の農家の渡満を勧誘しました。『山形県史』には、これを推進したのが町村長（役場）と松川五郎のいた満州移住協会です。山形県の開拓団員数は全国第2位で、この分村移民に農林省の「農村経済更生事業」が深く関わり、事業実施指定市町村は、分村移民数に応じ補助金が交付されたといわれています。移民数上位の県は、この補助金目的の側面がありましたが、北海道ではこの事業指定市町村があったものの、分村移民はありません。開発途次の北海道は、この点において特異な存在であったと言えます。

北海道農法の普及のため北海道から多くの農機具製造工場が満州に移駐しましたが、日中戦が拡大し、軍の根こそぎ召集により労力が不足したため多くの現地人を雇用しました。また、中国人や朝鮮人の徴用と朝鮮人の慰安婦を徴集します。特に慰安婦の徴集に対し、義勇軍に入隊の朝鮮人が大変憤慨していたと、中沢広が回想、彼らの悲憤（ひふん）を知ることができました。

この戦時経済体制の確立を図るため昭和13年、満州国は農産物の強制出荷を図る「米穀管理法」を制定、警察権を行使しての強制収買が始まります。その収買率は米で90％であったのに対し、小麦などの主要穀物は62～74％と低率でした。米作は、畑作とは異なり用水施設整備と水利権認可に国が介入し、作付けを免許制にしたので統制ができました。そして米作は、日本人と朝鮮人が担いましたが、両者は帝国臣民に位置付けられていて、より統制ができたとみられます。他方、小麦などの畑作物は現地人の主食であり、満鉄の輸送監視統制が厳しかったため、現地人は夜間の馬車リレーでの輸送により、中国の華北へと届ける抜け穴があったといわれています。この「米穀管理法」を基に本土で「食糧管理法」が昭和17年に制定され、戦中戦後の飢えた国民の食糧難を克服しました。

この戦時経済体制は物資統制に加え労力不足を来し、開拓団では共同作業・共同炊飯を進め移駐の農機具工場では工員が不足します。その中で終戦間近の開拓団長会議での関東軍幹部のろうばいぶりや農用トラクターの急な徴用などから見ても、軍部の満州国の統治はずさんな泥縄式で、現地人はもとより開拓民をもないがしろにしました。

また、開拓民の逃避行を阻んだのは、ソ連軍と見る向きがありますが、阻んだのは反乱した満州国軍や国民党軍、八路（中共）軍、そして開拓民を置き去りにした日本軍の5つといわれています。逃避行において、多くの朝鮮人や中国人から、助けを受けたと回顧しています。また集団自決の麻山の地は、新中国になり技術協力で訪れた原正市が、整然と保存された墓所で墓参しています。これらは、被支配民族の意識を越えた、人間愛といえます。

「余話」には、満州引き揚げの山形県人と旧満州移住協会の松川五郎による、北海道豊富町のサロベツ原野の入植開拓を紹介しましたが、入植者は山形で加藤完治と石原莞爾の薫陶を受けたことによるものです。この2人に対する評価を『山形県史』を基に紹介します。

加藤は山形県立自治講習所所長として10年間在任していましたが、県史に加藤は、未開地は他国の者でも侵入を許されるとする驚くべき思想と、己を空（むな）しうし神（天皇）に帰一しておこなうものすべて許されるという、極端に無責任な姿勢がありました。戦後になり教え子の1人は、誠実大胆な転機、つまり反省を求めたのも、もっともなことでした。

一方、石原は昭和16年に鶴岡市に帰郷します。県史には、石原は日支民族が協和して王道主義の満州国建設を目指す「東亜連盟」の顧問となり、県内各地で講演会を開き、会員は1万人を超えました。山形県には全国屈指の大地主がいて、石原はこれを批判し満州移住を勧誘します。終戦すぐの9月12日の新庄での連盟県大会には2万人が集まり大きな影響を及ぼしていました。東京裁判で戦犯被告になるものの釈放され、公職追放を受けています。

そして、石原と北海道農法推進者の松野傳との関わりについて、松野の母校の青森県弘前中学校『弘高110年記念』誌の中に、満州で両者を知る同窓生が「石原が加藤の開拓義勇軍などの農業政策を批判し、満州開拓は松野にやらせるしかない」と言っていた、と寄稿しています。

この山形県から渡満した農業開拓移民数は1万7177人で、都道府県別で第2位。第1位の長野県は3万7859人で、山形県の2・2倍と突出しています。山形県は加藤の長い間の教育活動によるものですが、長野県には加藤のような人物はいません。府県別の満州農業移民数と戸当たり農業所得を比較検討した研究では、両者に関連はないとしています。ところで、長野県には「信濃海外協会」という組織があり、ここが海外移民を推進していました。府県の政策の違いにより農業移民数を左右したものとみられますが、今後、この面からの分析に期待します。

府県から渡満したのは、小作農が多数とみられますが、北海道でも地主制や冷害により農家経済が困窮した中での渡満でした。とは言え、満州はよその国であり、帰還した北海道人たちは、異口同音に満州開拓は、経済的侵略と回想していて、農業の国際化の失敗と言えます。終戦時の満州農業移民者の末路は悲惨なものになりましたが、農業は元来、平和産業であり、新中国での原のように現地人に受け入れられる技術協力が本来の国際協力と言えます。

年表：北海道人たちの満州開拓

明治 38 年	日露講和条約調印。翌年：満州鉄道株式会社設立
43 年	日本、韓国を併合
大正 7 年	シベリア出兵。米価格高騰し米騒動発生
昭和 3 年	日本軍、張作霖を爆殺
6 年	満州事変勃発
7 年	満州国建国。満州弥栄村に第 1 次武装移民
10 年	満州移住協会、満州拓殖株式会社設立
11 年	満州農業移民百万戸移住計画が国策に決定
12 年	松野傳、奉天農大入り。満州拓殖公社設立。日中戦争開戦 加藤グループ、満蒙開拓青少年義勇軍編成を建白
13 年	小森健治と三谷正太郎、満州農業経済調査
14 年	満州国開拓総局新設、松野技正併任 小田保太郎、第 1 次弥栄村に入植 満州国、開拓政策基本要綱を発表 開拓総局稲垣事務局長、北海道庁長官に実験農家送り出し要請
15 年	実験農家の唐木田真渡満、稲作を指導 新京で日満農政研究会総会、北海道農法を論争 北海道農機具工場満州移駐始まる（スガノ農機ほか）
16 年	北海道農法普及運動開始 北海道へ開拓農業伝習生長期派遣始まる
17 年	開拓農業実験農場 6 カ所に拡張
20 年	ソ連軍侵攻、大戦終戦。開拓民逃避行始まる
21 年	満州在留邦人引き揚げ始まる
22 年	満州など外地引き揚げ者の開拓入植始まる
24 年	新中国成立
25 年	参議院特別委員会、麻山事件を審議
47 年	日中国交回復
57 年	原正市、新中国に稲作技術協力を開始

プロフィール

高尾　英男（たかお　ひでお）

昭和18年1月北海道生まれ。
札幌市厚別区在住。
北海道道立農業技術講習所修了、国家公務員を経て民間会社へ。
同社勤務を終え、現在は北海道の歴史を研究。

著書

共著「記念碑に見る北海道農業の軌跡」（平成20年3月　北海道協同組合通信社）

〃　「北の大地に挑む農業教育の軌跡」（平成25年10月　北海道協同組合通信社）

単著「農業開拓歴史館ガイド」（平成27年7月　電子出版）

〃　「開拓館をめぐる旅」（令和2年7月　自費出版）

〃　「北海道満蒙開拓史話」（令和5年12月　自費出版）

北海道人たちの満州開拓
—大陸新農法を巡る攻防・終焉・再挑戦—

定　価　2,750 円（本体 2,500 円＋税 10％）

令和 7 年 4 月 4 日発行

著　者　高尾　英男

発行者　高田　康一

発行所　株式会社 北海道協同組合通信社
〒 060-0005　札幌市中央区北 5 条西 14 丁目
電 話　011（231）5261
FAX　011（209）0534
http://www.dairyman.co.jp

デザイン　VAMOS デザイン事務所

印刷所　岩橋印刷株式会社

Printed in Japan
ISBN978-4-86453-105-4　C0061　￥2500E